克什克腾肉牛生长环境

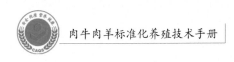

克什克腾肉牛犊牛

放牧后的克什克腾肉牛

牧民巴达仁贵家的牛群

牧场上的昭乌达肉羊

牧场上的昭乌达肉羊种羊

金峰公司的昭乌达肉羊

在赤承高速投放的广告

在赤峰机场投放的广告

在京藏高速投放的广告

地理标志农产品"昭乌达肉羊"保护工程项目采购活体羊

地理标志农产品授权仪式

昭乌达肉羊

科学技术成果登记证书

登记号 NK-20120081

经审查 "**昭乌达肉羊新品种培育及推广**"登记为内蒙古自治区科学技术成果，特发此证。

完成单位: 赤峰市家畜改良工作站

发证机关: 内蒙古自治区科学技术厅

发证日期: 2012 年 10 月 26 日

昭乌达肉羊科学技术成果登记证书

ROUNIUROUYANGBIAOZHUNHUAYANGZHIJISHUSHOUCE

肉牛肉羊 标准化 养殖技术手册

刘武立　主编

内蒙古科学技术出版社

图书在版编目（CIP）数据

肉牛肉羊标准化养殖技术手册 / 刘武立主编. —赤峰：内蒙古科学技术出版社，2022.11（2023.10重印）
ISBN 978-7-5380-3496-7

Ⅰ.①肉… Ⅱ.①刘… Ⅲ.①肉牛—饲养管理—技术手册 ②肉用羊—饲养管理—技术手册 Ⅳ.①S823.9-62 ②S826.9-62

中国版本图书馆CIP数据核字（2022）第230184号

肉牛肉羊标准化养殖技术手册

主　　编：刘武立
责任编辑：季文波
封面设计：王　洁
出版发行：内蒙古科学技术出版社
地　　址：赤峰市红山区哈达街南一段4号
网　　址：www.nm-kj.cn
邮购电话：0476-5888970
排　　版：赤峰市阿金奈图文制作有限责任公司
印　　刷：内蒙古达尔恒教育出版发展有限责任公司
字　　数：221千
开　　本：787mm×1092mm　1/16
印　　张：9.5
版　　次：2022年11月第1版
印　　次：2023年10月第2次印刷
书　　号：ISBN 978-7-5380-3496-7
定　　价：55.00元

如出现印装质量问题，请与我社联系。电话：0476-5888926　5888917

本书编委会

主　　编：刘武立

执行主编：迟亚菲

副 主 编：左兰明　李金成　潘永刚　高　翔　谷妍姗　江贵成　张英博　李海洋
　　　　　李文杰　毛广广　哈　萨　刘长奇

编　　委：赵海英　王雪洁　余　越　高永辉　鲍玉霞　郑晓勇　陈　恒　明海菲
　　　　　高鸿艳　韩家林　李德林　张　爽　张　静　翟珊珊　萨　仁　王爱新
　　　　　谷文磊　杨秀岭　李　倩　钟建平　李艳丽　王向红　呼德日扎干　张冠华
　　　　　季　宁　刘　铭　孙宏业　萨日娜　席延超　苏　祺　王宏图

目　录

第一章 肉牛标准化养殖技术

第一节 肉牛饲养管理技术

一、肉牛饲养管理

（一）满足肉牛的营养需要

首先要提供足够的粗料，满足瘤胃微生物的活动，然后根据不同类型或同类型不同生理阶段的生产目的和经济效益配合日粮。日粮的配合应全价营养，种类多样化，适口性强，易消化，粗、精、青饲料合理搭配。犊牛要使其及早哺足初乳，确保健康；哺乳犊牛可及早放牧，补喂植物性饲料，促进瘤胃机能发育，并加强犊牛对外界环境的适应能力；生长牛日粮以粗料为主，并根据生产目的和粗料品质，合理配比精料；育肥牛则以高精料日粮为主进行育肥；繁殖母牛妊娠后期进行补饲，以保证胎儿后期正常的生长发育。

（二）严格执行防疫、检疫及其他兽医卫生制度

定期进行消毒，保持清洁卫生的饲养环境；经常观察牛的精神状态、食欲、粪便等情况；及时防病、治病，适时计划免疫接种；对断奶犊牛和育肥前的架子牛要及时驱虫。要定期坚持牛体刷拭，保持牛体清洁。夏天注意防暑降温，冬天注意防寒保暖。

（三）加强饮水，定期运动

要求水质无污染，保证饮水充足。适当运动有利于牛新陈代谢，促进消化，增强牛对外界环境急剧变化的适应能力，防止牛体质衰退和肢蹄病的发生。

二、犊牛饲养管理

犊牛饲养管理的好坏，直接关系到成年时的体型结构和生产性能，所以必须注意犊牛初生期的护理，具体应注意以下几个环节。

（一）早喂初乳

犊牛应在出生后1~1.5小时内哺到初乳。第一次初乳的喂量为1.5~2.0千克，以后每天按体重的1/6~1/5计算初乳的喂量。最初2天内人工挤乳，每天喂2~3次。挤出的初乳，应及时哺喂，

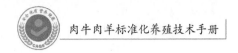

奶温控制在35~38℃。初乳哺喂期一般为4~7天。

（二）适时补饲青粗饲料及精料

犊牛大约在出生后20天即开始出现反刍，到49天犊牛即形成比较完整的瘤胃微生物区系，具备初步消化粗饲料的能力。如果适时喂给草料，可以加速瘤胃发育，促进瘤胃微生物的繁殖。因此，适时断奶并喂给植物性饲料有利于犊牛的早期生长发育。

在3~4周龄时，可以逐渐给犊牛喂料，在第一个5天内，每天每头犊牛只能喂100克料，犊牛吃剩下的料给母牛吃，每次都要给犊牛换新料。经过4~7天人工饲喂后，就可以让犊牛自己吃料。一旦犊牛学会吃料，饲槽内就要始终保持有料，供犊牛采食。在第一个月内采食量约为每天每头0.45千克。从1月龄到断奶，犊牛的补料量平均每天每头1.4千克最合适，这个量正好能补充牛奶营养的不足，使犊牛的骨骼和肌肉正常生长。

（三）犊牛的早期断奶

犊牛一般在7月龄断奶。早期断奶指在出生后35天内断奶。延长犊牛哺乳期可以获得较高的日增重及断奶体重，但不利于犊牛消化器官的发育和机能锻炼，且影响母牛的健康、体况及生产性能。犊牛早期断奶的方法是要求犊牛体质健康，出生后1~1.5时内喂初乳，至少哺喂4日初乳。一周龄开始训练采食犊牛料，使其自由采食，并提供优质干草，当犊牛每天能采食0.75~1千克的犊牛料时，就可断奶。

现推荐犊牛料配方如下，供参考：

玉米50%，豆饼35%，麸皮12%，碳酸钙1%，食盐1%，维生素A，维生素D，维生素E适量。

早期断奶的优点：①犊牛容易饲喂；②母牛容易恢复并且可以确保母牛每12个月繁殖1头犊牛；③延长母牛的使用寿命。

三、育成牛饲养管理

犊牛满6个月时即进入育成期，此期的牛称育成或青年牛。育成牛6月龄至24月龄正处于快速的生长发育阶段。精心饲养管理，不仅可以获得较快的增重速度（一般日增重在1.0千克以上），而且可使幼牛得到良好的发育。

育成母牛的饲养管理：①6~12月龄，为母牛性成熟期，对于这时期的育成牛，除给予优良的牧草、干草、青贮料和多汁饲料外，还必须适当补充一些混合精料。从9~10月龄开始，可掺喂一些秸秆和谷糠类粗饲料，其比例占粗料总量的30%~40%。②13~18月龄，育成牛消化器官更加扩大，为了促进其消化器官的生长发育，其日粮应以粗饲料和多汁饲料为主，其比例约占日粮总量的75%，其余25%为配合饲料，以补充能量和蛋白质的不足。③19~24月龄，这时母牛已配种受胎，生长缓慢下来，体躯显著向宽深发展，如饲养过丰，在体内容易贮积过多脂肪，导致牛体过肥，造成不孕。因此，在此期间，应以优质干草、青草、青贮料和少量氨化麦秸作为基本饲料，精料可以少喂甚至不喂。但到妊娠后期，由于体内胎儿生长迅速，则须补充精料，日定额为2~3千克。

四、妊娠母牛饲养管理

胎儿增重主要在妊娠的最后3个月，此期的增重占犊牛初生重的70%~80%，需要从母体吸收大量营养。若胚胎期胎儿生长发育不良，出生后就难以补偿，增重速度减慢，饲养成本增加。同时，母牛体内需蓄积一定养分，以保证产后泌乳量。妊娠前6个月胚胎生长发育较慢，不必为母牛增加营养，保持中上等膘情即可。一般在母牛分娩前，至少要增重45~70千克，才足以保证产犊后的正常泌乳与发情。

放牧饲养时，青草季节应尽量延长放牧时间，一般可不补饲。枯草季节，根据牧草质量和牛的营养需要确定补饲草料的种类和数量，特别是在怀孕最后的2~3个月，这时正值枯草期，应进行重点补饲。精料补量每头每天0.8~1.0千克。精料配方：玉米57%、糠麸类10%、豆饼类30%、碳酸钙2%、食盐1%。

舍饲情况下，按以青粗饲料为主适当搭配精料的原则，参考饲养标准配合日粮。粗料如以玉米秸为主，由于蛋白质含量低，要搭配1/3~1/2优质豆科牧草；粗料若以麦秸为主，必须搭配豆科牧草，另外补加混合精料1千克左右（其中玉米270克，大麦250克，豆饼类200克，麸皮250克，石粉10~20克，食盐10克）。每头牛每天添加1200~1600国际单位维生素A。在精料和多汁饲料较少的情况下，可采用先粗后精的顺序饲喂。即先喂粗料，待牛吃半饱后，在粗料中拌入部分精料或多汁料碎块，引诱牛多采食，最后把余下的精料全部投饲，吃净后下槽。每日饲喂3次，上槽时保证有充分采食青粗饲料的时间，饮水和运动要充足，怀孕奶牛要与其他牛分开饲养。

怀孕后期应做好保胎工作，无论是放牧还是舍饲，都要防止挤撞、猛跑、饮冰水、喂发霉饲料。临产前，注意观察，保证安全分娩。在饲料条件较好时，应避免过肥和运动不足，每天需运动1~2小时，充足的运动可增强母牛体质，促进胎儿生长发育，并可防止难产。纯种肉用牛难产率较高，尤其初产母牛较高，须及时做好助产工作。

五、泌乳母牛饲养管理

（一）分娩前后的护理

临近产期的母牛应停止放牧，给予营养丰富、品质优良、易于消化的饲料，估计分娩时间，准备接产工作。在正常分娩过程中，母牛可以将胎儿顺利产出，不需人工辅助，但是对初产母牛，胎位异常及分娩过程较长的母牛要及时进行助产，以缩短分娩过程并保证胎儿的成活。

分娩时母牛体内损失大量水分，分娩后应立即给母牛饮温麸皮汤。一般用温水10千克，加麸皮0.5千克，食盐50克。搅拌均匀喂给，有条件加250克红糖效果更好。

母牛产后易发生胎衣不下、乳房炎等症，要经常观察，发现病牛，及时医治。

（二）泌乳牛的营养需要

泌乳母牛的饲养，主要是达到有足够的泌乳量，以供犊牛生长发育的需要。人们把母牛分娩前1个月和产后70天称作母牛饲养的关键100天，精料主要补在这100天里，这100天饲养的好坏，对母牛的分娩、泌乳、产后发情、配种受胎，犊牛的初生重和断奶重，犊牛的健康和正常发育都十分重要。母牛产奶期比怀孕期需要的饲料量更多，带犊泌乳母牛的采食量及营养需要，是母牛各生理阶段中最高的和最关键的。产奶量的多少决定了犊牛的生长速度，为了提高产奶量，在冬季要给母牛补饲少量精料。一般秋季产犊的母牛在整个冬季每天要补饲1.8~2.7千克精料。哺乳母牛的能量需要量比怀孕母牛高50%，蛋白质需要量加倍，钙、磷需要量增加3倍，维生素A需要量增加50%。为了使母牛获得充足的营养，应给以品质优良的青草和干草。豆科牧草是母牛蛋白质和钙质的良好来源。为了使母牛获得足量的维生素，可多喂青绿饲料，冬季可加喂青贮料、胡萝卜和大麦芽等。

母牛分娩后的最初几天，粗料以优质干草为主，精料最好用小麦麸，每日0.5~1千克，逐渐增加，并加入其他饲料，3~4天后就可转为正常日粮。母牛产后恶漏没有排净之前，不可喂给过多精料，以免影响生殖器官的复原和产后发情。

六、空怀母牛的饲养管理

空怀母牛的饲养管理主要是围绕提高受配率、受胎率，充分利用粗饲料，降低饲养成本而进行的。繁殖母牛在配种前应具有中上等膘情，过瘦过肥往往影响繁殖。在日常饲养管理工作中，倘若喂给过多的精料而又运动不足，易使牛过肥，造成不发情，这是最常出现的，必须加以注意。但在饲料缺乏、母牛瘦弱的情况下，也会造成母牛不发情而影响繁殖。实践证明，如果母牛前一个泌乳期内给以足够的平衡日粮，同时管理周到，能提高母牛的受胎率。瘦弱母牛配种前1~2个月加强饲养，适当补饲精料，也能提高受胎率。

母牛发情，应及时予以配种，防止漏配和失配。对初配母牛，应加强管理，防止野交早配。经产母牛产犊后3周要注意其发情情况，对发情不正常或不发情者，要及时采取措施。一般母牛产后1~3个情期，发情排卵比较正常，随着时间的推移，犊牛体重增大，消耗增多，如果不能及时补饲，往往母牛膘情下降，发情排卵受到影响。因此，产后多次错过发情期，则发情期受胎率会越来越低。

七、育肥牛的饲养管理

牛在出售或屠宰前的一定时期内，主要应用易消化的饲料催肥，以提高肉产量和改善肉品质的方法可称之为牛的育肥。幼龄牛和成年牛均可进行育肥，前者主要是肌肉增长，而后者主要是脂肪的沉积。幼牛育肥可分为犊牛育肥、周岁育肥和1.5~2.0岁牛育肥，其中以应用第三种最为普遍（一般饲喂到250~300千克，然后进行育肥）。

（一）选择架子牛时的原则

在我国养牛业生产中，架子牛通常是指未经育肥或不够屠宰体况的牛，这些牛大多来自草原、农场和农户。

选择架子牛时要注意选择健壮、早熟、早肥、不挑食、饲料报酬高的牛。具体操作时要考虑品种、年龄、体重、性别和体质外貌等。

（1）品种、年龄：最好选择夏洛来、利木赞、西门塔尔、安格斯等肉用或肉乳兼用品种与黄牛杂交的后代。因杂交的肉牛生长速度和饲料利用效率的杂种优势为4%~10%，因此杂交架子牛的育肥效果最好。年龄最好选择1.5~3.0岁。也可选择年龄为3~5岁，体重300~350千克的大架子牛。这种牛采食量大，日增重高，饲养期短，育肥效果好，资金周转快。

（2）性别：公牛的生长速度和饲料利用效率高于阉牛，阉牛高于母牛，公牛的生长速度和饲料利用效率比母牛或阉牛高10%~15%。饲喂公牛应该注意：①公牛育肥可以从断奶后立即开始，直线育肥到500千克；②公牛生长速度快，因此应该用高能量日粮；③公牛最好在16月龄前育肥完毕；④公牛育肥最好成批进行，育肥过程中不要再向同一牛舍增加新牛，否则易引起决斗和爬跨，降低生长速度。如果选择已去势的架子牛育肥，则可提高出肉率和肉的品质；如果选择公牛肥育，则胴体瘦肉多、脂肪少。

（3）体质外貌：在选择架子牛时，首先应看体重，一般情况下1.5~2岁的牛，体重应在300千克以上。四肢与躯体较长的架子牛有生长发育潜力，若幼牛体型已趋匀称，则将来发育不一定好。十字部略高于体高，后肢飞节高的牛发育能力强。

（二）育肥期牛的饲养技术

育肥牛包括幼龄牛、成年牛和老残牛，育肥的目的是科学应用饲料和管理技术，以尽可能少的饲料消耗获得尽可能高的日增重，以提高出栏率，生产出大量牛肉。

1.管理

（1）季节：牛的育肥以秋季最好，其次为春、冬季节。

（2）去势：近些年研究表明，2岁前采取公牛育肥，则生长速度快，瘦肉率高，饲料报酬高；2岁以上的公牛，宜去势后育肥，否则不便管理，会使肉质有膻味，影响胴体品质。

（3）驱虫：育肥前要驱虫（包括体内和体外寄生虫），并严格清扫和消毒房舍，常用驱虫药有丙硫咪唑、敌百虫、螨净。

（4）运动：尽量减少其活动，以减少营养物质的消耗，提高育肥效果。采取的方法是：每次喂完后，每头牛单木桩拴系或圈于休息栏内，为减少其活动范围，缰绳的长度以牛能卧下为好。

（5）刷拭：刷拭可增加牛体血液循环，提高牛的采食量。刷拭必须坚持每日1~2次。

2.饲养技术

（1）饲料搭配与混合：在育肥牛的饲喂中可以把精料、粗料、糟渣料、青贮饲料、干草饲料分开饲喂，也可以将育肥牛日粮组成的各种饲料，按比例（称量准确）全部混合，掺匀后投喂。这样的饲料，牛不会挑食，而且牛采食到的饲料比例基本都一样，提高了育肥牛生长发育的整齐度。

（2）拌料的湿度：在饲喂育肥牛时，可以采用干拌料，也可以采用湿拌料。但最为理想的是半干半湿状料，含水量为40%~50%，喂牛最好。即在喂牛前将蛋白饲料、能量饲料、青贮饲料、糟渣饲料、矿物质添加剂及其他饲料按比例称量放在一起来回翻动3次，各种饲料混合均匀后投喂。

（3）饲喂次数：育肥牛的饲喂次数是日喂2次或3次，少数实行自由采食。自由采食能满足牛生长发育的营养需要，因此长得快；而采用限制饲养时，牛不能根据自身要求采食饲料，因此，限制了牛的生长发育速度。

（4）采食量：牛每天采食的干物质量约相当于体重的2%左右，但体重大且膘情好的牛采食量则低于2%，年龄较小、体重较轻、膘情差的往往高于2%。一般肉牛的采食量（风干物质）为体重的2.5%~3%。

（5）饮水：要满足育肥牛饮水需要，采用自由饮水法最为适宜。冬季每天要饮水3次。

（三）牛的短期育肥

对2岁左右未经育肥的或不够屠宰体况的牛，在较短时间内（60~120天）集中较多精料饲喂，让其增膘的方法称为短期肥育。这种方法对改善牛肉品质，提高育肥牛经济效益有较明显的作用。

（1）放牧加补饲育肥：此方法简单易行，以充分利用当地资源为主，投入少，效益高，农村牧区均可采用此法。对6月龄未断奶的犊牛和7~12月龄实行半放牧半舍饲，每天补饲玉米0.5千克，生长素20克，人工盐25克，尿素25克，补饲时间在晚8点以后。13~16月龄牛，有条件的地区可实行夏、秋放牧。18月龄牛经驱虫后，实行强度育肥。强度育肥前期，每头牛每天喂混合精料2千克，后期喂3千克，精料日喂2次，粗饲补喂3次，可自由采食。

（2）青贮饲料加精料育肥：青贮玉米是育肥牛的优质饲料，在低精料水平条件下，饲喂青贮料能达到较高的日增重。对育肥牛多采用在充分采食青贮玉米的基础上，因地制宜地加喂精料，如玉米、米糠、麦麸、酒糟等。精料喂量要逐渐增加，而青贮饲料的采食量随之下降。日粮配合可参照饲养标准，保证能量和蛋白质的需要，并力求降低饲养成本，以获得最佳的经济效益。一般能达到1千克日增重，好的可超过1千克。

第二节　肉牛育肥管理技术

一、圈舍修建

目前多采用暖棚圈舍。

结构：单列式暖棚和双列式暖棚。

场址选择：地势选择在干燥、背风向阳、交通便利、无污染、无遮阴物处，要求东西走向，坐北向南或偏东10°。

圈舍要求：经济实用，避雨通风，排水流畅，冬暖夏凉，方便管理，舍内温度保持在5~25℃，湿度不超过80%，氨气浓度不超过200毫克/立方米，地面为砖或混凝土结构，牛均舍内面积2.5~3.5平方米。

二、肉牛育肥技术

为了提高规模养牛经济效益，达到快速高效目的，育肥牛选择主要侧重于品种、年龄、体型外貌三个方面。

（1）品种。为了改变赤峰地区原有的牛品种出肉量低、发育缓慢以及体格小的特征，用西门塔尔牛与当地牛杂交育成效果较好，各生长阶段的体重、日增重和体尺等指标随着杂种后代代数的增加而增加。

（2）年龄。规模育肥的肉牛有幼年牛、成年牛和老龄牛。幼年牛包括乳犊、周龄牛、1~2岁牛。1~1.5岁幼年牛育肥效果最好，成年牛2~3岁育肥效果最好，4~8岁牛较好。老龄牛多为8岁以上，只要体质健壮，短期育肥效果也较明显，但肉质较差。规模养牛一般要求年龄越小越好。因为牛在2周岁以前，骨、肉、内脏增长较快，饲料转化率高，生长周期短。年龄大的牛增长较慢，增重效果全靠积累脂肪，影响肉质和出售，应尽量缩短时间，早出栏，早屠宰。

（3）体型外貌。规模育肥的肉牛一般要求体躯高大，肩、背、腰、尻部长宽平，体躯深度大，头颈短厚，垂肉发达，身躯宽广，大腿丰满，四肢粗壮、结实，体躯近似长方形。从实际情况看，要求身架大，被毛光泽，皮厚而稍松弛，眼明有神，健康无病；要求头宽、嘴方、颈稍短而厚实，肩宽、胸紧，背腰长，腹围、后躯平广，尾根粗，四肢粗壮，特别是后大腿粗大的育肥效果好。

三、育肥牛的饲养管理

肉牛的育肥方式包括以下几个方面：

（1）放牧补饲育肥。

（2）放牧—舍饲—放牧育肥。

（3）持续育肥、舍饲育肥。

（4）后期集中育肥：强度育肥或快速育肥。选购15~20月龄以上的架子牛，经3个月左右达450千克以上。

四、饲料配制

牛是草食性动物，常见的大宗饲料有麦秸、玉米秸等农作物秸秆，紫花苜蓿、青燕麦等各

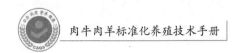

种人工种植及野生牧草,甜菜、马铃薯等各种根茎,玉米、麸皮、豆类等各种籽实,酒糟、粉渣、菜籽饼、豆粕等各种糟粕类,食盐和添加剂要按规定量合理添加。

为了充分合理利用农作物秸秆,提高饲草料的利用率,要采用先进的饲草料秸秆调制技术,目前秸秆的调制技术主要有青贮、氨化、微贮和酶贮。

五、肉牛的管理

采用"五定"管理方式,即定人员、定量、定时、定桩、定刷拭,确保牛环境的稳定和避免人为应激,及时发现或观察牛的异常现象,及时处理。

牛舍、牛槽及牛场保持清洁卫生,牛舍每月用2%~3%的火碱水彻底喷洒一次,对育肥牛出栏后的空圈要彻底消毒,牛场大门口要设立消毒池,可用石灰或火碱水作消毒剂。

冬季要防寒,避免冷风直吹牛体,牛舍后窗要关闭。夏季要注意防暑,避免日光直射,晚上可在舍外过夜(雨天除外)。

每日饮水两次,夏季中午增加一次,饮水一定要清洁充足。

每天对牛进行刷拭,以促进牛体血液循环,并保持牛体干净无污染。

六、日常管理

圈舍管理:注意清扫粪便,食槽和水槽要保持干净。冬季注意暖棚内的通风、扫雪和除霜。

日常饲喂:饲料、水要干净、卫生,喂料时要定时定量,先精后粗、先干后湿、先料后水,少喂勤添,冬季要饮温水。

牛体管理:每天刷拭1~2次,日光浴2~3小时,定期健胃驱虫。

日常记录:做好暖棚室温、消毒、防疫、病史等记录。

第二章　肉牛疾病预防与治疗

第一节　牛疫病

(一)口蹄疫

(1)易感动物:主要为偶蹄动物,如牛、羊、猪、骆驼等。

(2)传染源:主要为潜伏期感染及临床发病动物。

(3)传播途径:主要通过呼吸道、消化道感染。

(4)临床症状:牛,潜伏期为2~4天,最长1周左右。病牛初期体温升高到41℃,精神沉郁,食欲减退,流涎咂嘴。2天后,在唇内面、齿龈、舌面和颊部黏膜上发生蚕豆至核桃大水疱。此时病牛大量流涎,嘴角挂满口涎。水疱约经一昼夜破溃,形成边缘整齐、浅表的红色溃烂,以后体温降至正常,溃烂逐渐愈合,全身状况好转。如继发感染则溃烂加深,愈合后形成瘢痕。在口腔发生水疱的同时或稍后,趾间、蹄部柔软部皮肤发生水疱,并很快破溃形成表面溃疡,以后干燥结痂而愈合。如再继发感染,则发生化脓、坏死、跛行,重者蹄壳脱落。乳头和乳房部皮肤有时也出现水疱和烂斑。本病多呈良性经过,一般经1~3周可痊愈。恶性口蹄疫,在上述病程中病情会突然恶化,病牛因心脏麻痹而死亡,病死率为20%~50%。犊牛患病时多呈恶性,水疱症状不明显,主要表现为出血性肠炎和心肌炎,病死率为50%~90%。羊,潜伏期为1周左右。临床症状与牛相似但较轻。绵羊蹄部症状明显,山羊口腔症状明显,羔羊常因出血性肠炎和心肌炎而死亡。

(5)病理变化:口腔、蹄部及乳房皮肤上有水疱和烂斑;瘤胃肉柱黏膜上可能发生圆形烂斑和溃疡;心肌炎病变,心外膜有弥漫性点状出血,心肌断面有灰白或淡黄色斑点和条纹,俗称"虎斑心",心肌炎病变具有重要诊断意义。

(6)防控措施:①严格执行检疫制度,禁止病畜及带毒畜产品的调运。建立良好的卫生防疫制度,加强消毒。不得从疫区购入偶蹄动物及动物产品。②预防接种:使用同型病毒疫苗强制免疫。

(二)布鲁氏菌病(简称布病)

(1)易感动物:各种动物都有易感性,羊、牛最易感。一般母畜比公畜易感,尤其是怀孕母畜,成畜比幼畜易感。人对羊、牛、猪、犬型布氏菌都有易感性,但羊型布氏菌对人致病力最强。

(2)传染源:为病畜和带菌的动物,主要通过胎儿、胎衣、胎水、阴道分泌物、乳汁、精液,以及被污染的饲料、饮水、用具等传染。

(3)传播途径:主要是经消化道感染,其次是经生殖道、皮肤、黏膜和吸血昆虫传染。

(4)临床症状:病畜最显著症状是妊娠母畜发生流产,流产可发生在怀孕任何时期,但以怀孕后期多见。流产前有食欲减退,起卧不安,阴唇、乳房肿胀,阴道黏膜潮红、水肿,阴道流黏性分泌物等流产预兆。流产时胎水多混浊,有时混有脓样絮片。流产胎儿多为死胎,弱胎不久死亡。流产母畜多数伴发胎衣不下或子宫内膜炎,从而造成屡配不孕。公畜可发生睾丸炎、附睾炎。此外,临床上常见乳房炎、关节炎、滑液囊炎等症状。

(5)防控措施。①加强检疫:尽量做到自繁自养。新购入的牛羊,要隔离观察2个月,经两次布病的检疫,均为阴性者方可合群。健康畜群每年定期进行两次检疫,检出病畜立即淘汰。对畜舍、运动场、饲槽及用具等定期消毒。畜群中如有流产的,应立即隔离和消毒,并进行血清学检验。对病畜一般不治疗,应淘汰。如有特殊价值,可在隔离条件下用抗生素和磺胺类药进行治疗。对子宫内膜炎,可用0.1%高锰酸钾等溶液洗涤阴道和子宫。②预防免疫:每年秋季使用布氏菌病活疫苗口腔灌服免疫。

(三)细粒棘球蚴病(俗称包虫病)

棘球蚴病又称包虫病,由带科棘球属绦虫的中绦期幼虫——棘球蚴寄生于羊、牛、骆驼、猪、人及其他动物肝和肺等器官中所引起,是一类重要的人兽共患寄生虫病。棘球属绦虫种类较多,但在我国主要是细粒棘球绦虫和多房棘球绦虫两种。一般将前者的幼虫叫棘球蚴,后者则称为泡球蚴,包虫病主要是由棘球蚴引起。

(1)包虫病病原:细粒棘球蚴。

(2)被寄生动物:羊、牛、骆驼、猪等。

(3)被寄生部位:肝、肺组织。

(4)临床症状:幼虫寄生在家畜(羊、牛、骆驼、猪)和人体过程中,会压迫所寄生的脏器及周围组织,引起组织萎缩和机能障碍。寄生在肝脏时能导致消化失调,出现黄疸,肝区压痛明显;寄生在肺脏时会出现咳嗽、喘息和呼吸困难。代谢产物被吸收后,会使周围组织发生炎症和全身过敏反应,严重者可致死。

(5)防控措施。①针对传染源:主要是对犬定期驱虫(吡喹酮),对犬排出的粪便深埋消毒,消灭野犬;②切断传播途径:屠宰的牲畜或病畜的脏器不得乱扔或随意喂犬,要保持卫生;③保护易感动物:对发病率较高地区的羊使用羊棘球蚴(包虫)病基因工程亚单位疫苗进行免疫。

第二节　地方常见多发其他传染病

（一）炭疽病

炭疽是由炭疽杆菌引起的人畜共患急性传染病。炭疽杆菌在适宜的温度下能在体外形成芽孢，形成芽孢后具有很强的抵抗力，在外界土壤及草原上可存活数十年，在皮毛制品中生存时间更长。煮沸40分钟、140℃干热3小时、高压蒸气10分钟、20%漂白粉和石灰乳浸泡2天才能将其杀灭。

（1）易感动物：牛、马、羊等。人接触患炭疽的动物后可受染而患病。

（2）传染源：自然界中存在的炭疽杆菌及病畜的分泌物、排泄物和尸体等可为传染源。

（3）传播途径：动物直接接触自然界存在的炭疽杆菌和人接触患炭疽病的动物。

（4）临床症状：潜伏期1~3天，长的可达14天。最急性型多见于初期，牛突然发病，行如醉酒或突然倒地，全身颤栗，体温升高，呼吸困难，可视黏膜蓝紫，天然孔流出煤焦油样血液，常于数小时内死亡。急性型最为常见，反刍停止，瘤胃鼓气，奶牛泌乳停止。孕牛流产，有的兴奋不安，惊慌哞叫，口鼻流血，继而高度沉郁。有的病牛有腹痛和血样腹泻，后期体温下降，痉挛而死。病程1~2天。慢性型为数甚少，仅表现进行性消瘦，病程长达2~3个月。

（5）防控措施：对历史上曾发生过疫情的地区，以苏木乡镇为单位，对所有易感牲畜使用Ⅱ号炭疽芽胞疫苗每年春季集中进行一次免疫。

（二）气肿疽

气肿疽是反刍动物所患的一种急性败血性传染病。其临床特征是在肌肉丰满处发生急性气性肿胀，按压有捻发音，局部变黑，故又叫黑腿病、鸣疽。

（1）易感动物：主要发生于黄牛，特别是2岁以下的小黄牛，羊和猪偶有发生。

（2）传染源：在泥土中存活的气肿疽梭状芽孢杆菌。

（3）传播途径：健牛多因采食被其污染的土壤、草料和饮水而传播，也可经伤口及吸血昆虫叮咬而传染。

（4）临床症状：潜伏期一般为3~5天。常突然发病，精神沉郁，不愿运动，体温升高达41~42℃，不久在股、臀、肩等肌肉丰满的部位出现界限不明显的炎性、气性肿胀，初期有热有痛，数小时后变冷且无知觉。肿胀局部皮肤干硬，呈暗红或黑色，扣之如鼓，压之有捻发音。肿胀部切开后流出污红色带泡沫的酸臭液体，肌肉呈黑红色。肿胀常迅速向四周蔓延，全身症状迅速恶化，呼吸困难，结膜紫绀，脉搏细速，体温下降，如不及时治疗，常1~2天内死亡。

（5）防控措施：预防免疫，在近3年发生过气肿疽的地区，每年春秋接种气肿疽疫苗。

（三）牛巴氏杆菌病（俗称牛出败）

牛巴氏杆菌病是由多杀性巴氏杆菌引起的一种败血性传染病。急性经过主要以高热、肺炎或急性胃肠炎和内脏广泛出血为主要特征，呈败血症和出血性炎症，故称牛出血性败血病。

（1）易感动物：牛。

（2）传染源：本菌为条件病原菌，常存在于健康畜禽的呼吸道，与宿主呈共栖状态。当牛饲养管理不良时，如寒冷、闷热、潮湿、拥挤、通风不良、疲劳运输、饲料突变、营养缺乏、饥饿等因素使机体抵抗力降低，该菌乘虚侵入体内，经淋巴液入血液引起败血症，发生内源性传染。

（3）传播途径：由病畜的排泄物、分泌物不断排出有毒力的病菌，污染饲料、饮水、用具和外界环境。主要经消化道感染，其次通过飞沫经呼吸道感染健康家畜，亦有经皮肤伤口或蚊蝇叮咬而感染的。

（4）临床症状：潜伏期2~5天。根据临床表现，本病常表现为急性败血型、浮肿型、肺炎型。急性败血型：病牛初期体温可高达41~42℃，精神沉郁，反应迟钝，肌肉震颤，呼吸、脉搏加快，眼结膜潮红，食欲废绝，反刍停止。病牛表现为腹痛，常回头观腹，粪便初为粥样，后呈液状，并混杂黏液或血液且具恶臭。一般病程为12~36小时。浮肿型：除表现全身症状外，特征症状是颌下、喉部肿胀，有时水肿蔓延到垂肉、胸腹部、四肢等处。眼红肿、流泪，有急性结膜炎。呼吸困难，皮肤和黏膜发绀，呈紫色至青紫色，常因窒息或下痢虚脱而死。肺炎型：主要表现纤维素性胸膜肺炎症状。病牛体温升高，呼吸困难，痛苦干咳，有泡沫状鼻汁，后呈脓性。胸部叩诊呈浊音，有疼感。肺部听诊有支气管呼吸音及水泡性杂音。眼结膜潮红，流泪。有的病牛会出现带有黏液和血块的粪便。本病型最为常见，病程一般为3~7天。

（5）防控措施：预防免疫，使用牛多杀性巴氏杆菌病灭活疫苗进行免疫。

（四）牛传染性胸膜肺炎（简称牛肺疫）

牛传染性胸膜肺炎是高度接触传染性疫病，以呈现纤维素性肺炎和胸膜肺炎为特征，常呈急性或慢性经过。

（1）易感动物：牛

（2）传染源：病牛是本病的传染源。病牛肺组织、胸腔渗出液和气管分泌物中含有大量病菌。

（3）传播途径：消化道、呼吸道均能感染发病。

（4）临床症状：短则8天，长可达4个月。症状发展缓慢者，常是在清晨冷空气或冷饮刺激或运动时，发生短干咳嗽，初始咳嗽次数不多而后逐渐增多，继之食欲减退，反刍迟缓，泌乳减少，此症状易被忽视。症状发展迅速者则以体温升高0.5~1℃开始。随病程发展，症状逐渐明显。按其经过可分为急性和慢性两型。急性型症状明显而有特征性，体温升高到40~42℃，呈稽留热，干咳，呼吸加快而有呻吟声，鼻孔扩张，前肢外展，呼吸极度困难。由于胸部疼痛不愿行动或下卧，呈腹式呼吸。咳嗽逐渐频繁，常是带有疼痛短咳，咳声弱而无力，低沉而潮湿。有时流出浆液性或脓性鼻液，可视黏膜发绀。呼吸困难加重后，叩诊胸部，患侧肩胛骨后有浊音或实音区，上界为一水平线或微凸曲线。听诊患部，可听到湿性啰音，肺泡音减弱乃至消失，代之以支气管呼吸音，无病变部分则呼吸音增强，有胸膜炎发生时，则可听到摩擦音，叩诊可引起疼痛。病后期，心脏常衰弱，脉搏细弱而快，每分钟可达80~120次，有时因胸腔积液，只能听到微弱心音或不能听到。此外还可见到胸下部及肉垂水肿，食欲丧失，泌乳停止，尿量减少而比重增加，便秘与腹泻交替出现。病畜体况迅速衰弱，眼球下陷，眼无神，呼吸更加困难，常因窒息而死。急性病程一般在症状明显后经过5~8天，约半数死亡。有些患畜病势趋于静止，全身状态改善，体温下降，逐渐痊愈。有些患畜则转为慢性，整个急性病程为15~60天。慢性型多数由急性转来，也有开始即慢性经过者。除体况消瘦，多数无明显症状。偶发干性短咳，叩诊胸部可能有实音区。消化机能扰乱，食欲反复无常，此种患畜在良好护理及妥善治疗下，可以逐渐恢复，但常成为带菌者。若病变区域广泛，则患畜日益衰弱，预后不良。

第三节　中毒病

（一）栎树叶中毒

（1）病因：栎树叶中毒，又称青杠叶中毒或橡树叶中毒，是发生在赤峰市克什克腾旗农牧交错地带栎林区的春季常见病之一，放牧的牛因大量采食栎树叶而发病。

（2）症状：牛大量采食栎树叶连续5~15天后可发生中毒，病初表现精神不振，被毛竖立，食欲较少，厌食青草，喜食干草，瘤胃蠕动减弱，尿量减少且混浊。粪便干硬色黑，表面有大量黏液及褐色血丝。中期，食欲较少或废绝，反刍停止，瘤胃蠕动减弱、无力。体温正常或逐渐下降，心跳稍加快。鼻镜少汗或干燥以至龟裂。粪便呈算盘珠或香肠样，被有大量黄红相间的黏稠物。尿量增多，清亮。后期闭尿，死于肾功能衰竭。

（3）防治：在干旱缺草的季节，尽量减少牛在栎树林区放牧。控制栎树叶在日粮中的比例，在发病季节，采取上午舍饲、下午放牧的办法，栎树叶采食量不超过日粮的40%。在发病季节，每日下午归牧后灌服高锰酸钾水。发生中毒后，用硫代硫酸钠，每头牛8~15克配成5%~10%溶液，一次静脉注射，每天一次，连续2~3天。可适当采用强心、补液、腹膜封闭、瓣胃注射等对症治疗。

（二）蕨类中毒

（1）病因：牛（羊）在短期内采食大量蕨类植物所引发的一种以骨髓损害和再生障碍性贫血为病理和临床特征的急性致死性综合征。

（2）症状：早期精神沉郁，食欲减少，消瘦虚弱。随病情进展，病牛茫然呆立，步态踉跄，后躯摇摆，直至卧地难起。病情急剧恶化时，体温突然升高，瘤胃蠕动减弱或消失，流涎，腹痛，频频努责，粪便干燥色暗红，或排出少量稀软带血的糊状粪便，甚至排出血凝块。怀孕母牛后期常有异常胎动及流产。泌乳母牛排血性乳汁。有的排血尿，排尿困难。眼结膜及其他可视黏膜有斑点状出血。

（3）防治：加强饲养管理，尽可能避免到蕨类茂密的草地上放牧。发生中毒后，无特效解毒药，多采取综合疗法。

（三）萱草根中毒

（1）病因：常见于羊群因刨食萱草根，或因捡吃移栽、抛弃的根部而中毒，多发于野生萱草比较密集的山区。童氏萱草、北萱草、北黄花菜、野黄花菜、小黄花菜和野金针菜（鹿葱）的根有毒。

（2）症状：轻度中毒的病羊，最初食欲减退或不吃，精神沉郁，目光呆滞，离群，磨牙，双侧瞳孔散大、失明，不安，易惊恐，乱走乱撞或行走谨慎，四肢高举，有的则低头不停转圈，全身微颤，呻吟，或运动失调，眼球水平震颤。摄入量多的羊，可于次日早晨发现已经死亡，或已经失明、瘫痪。

（3）防治：无特效解毒药。枯草季节禁止在萱草茂盛的地方放牧，出牧前补饲一部分干草。

（四）瘤胃酸中毒

瘤胃酸中毒是由于采食大量精料或长期饲喂酸度过高的青贮饲料，在瘤胃内产生大量乳酸等有机酸而引起的一种代谢性酸中毒。该病的特征是消化功能紊乱、瘫痪、休克和死亡率高。

（1）病因：过食或偷食大量谷物饲料，如玉米、小麦、红薯干，特别是粉碎过细的谷物，由于淀粉充分暴露，在瘤胃内高度发酵产生大量乳酸或长期饲喂酸度过高的青贮饲料而引起中毒。气候突变等应激情况下，肉牛消化机能紊乱，容易导致本病。

（2）症状：本病多急性经过，初期食欲、反刍减少或废绝，瘤胃蠕动减弱，胀满，腹泻，粪便酸臭，脱水，少尿或无尿，呆立，不愿行走，步态蹒跚，眼窝凹陷，严重时，瘫痪卧地，头向背侧弯曲，呈角弓反张样，呻吟，磨牙，视力障碍，体温偏低，心率加快，呼吸浅而快。

（3）防治：应注意生长育肥期肉牛饲料的选择调配，注意精粗饲料比例，不可随意加料或补料，适当添加矿物质、微量元素和维生素添加剂。对含碳水化合物较高或粗饲料以青贮为主的日粮，适当添加碳酸氢钠。

发生瘤胃酸中毒病时，对发病牛在去除病因的同时抑制酸中毒，解除脱水和强心。禁食

1~2天，限制饮水。为缓解酸中毒，可静脉注射5%的碳酸氢钠1000~1500毫升，每日1~2次。为补充体液和电解质，促进血液循环和毒素的排出，常用糖盐水、复方生理盐水、低分子的右旋糖酐1000毫升，混合静脉注射，同时加入适量的强心剂。

（五）尿素中毒

（1）病因：主要是牛食入过多尿素或尿素蛋白质补充料或饲喂方式不当，突然大量饲喂或将尿素溶解成水溶液喂牛，以及食后立即饮水而引起中毒。

（2）症状：多在采食后20~30分钟发病，呈现混合性呼吸困难，呼出气有氨味，呻吟，肌肉震颤，步态踉跄，后期全身出汗，瞳孔散大倒地死亡。急性中毒，全病程1~2小时即可窒息死亡。病程稍长者，表现后肢不全麻木，卧地不起。剖检可见胃肠黏膜充血、出血、脱落，瘤胃内发出强烈氨臭味，肺充血、水肿，脑膜充血。瘤胃pH＞8.0。

（3）防治：在肉牛日粮中合理地使用尿素，严格控制用量。平时加强尿素管理，严防肉牛误食或偷食大量尿素。

第四节　其他牛常见疾病

（一）新生犊牛拉稀

（1）病因：犊牛腹泻又称犊牛拉稀，一年四季均可发生，是犊牛常发的一种胃肠疾病。犊牛常在出生后2~3天开始发病，对犊牛的发育、生长、成活等有很大影响。在大群饲养时，犊牛腹泻发生率常达90%~100%，死亡率可达50%以上。由于病因比较复杂，确诊困难，易形成误诊。在治疗过程中，病牛消化道内有益的微生物被抑制或杀灭，使正常微生物群的均衡遭到毁坏，因此久治不愈。

（2）防治：对这种病毒性的腹泻难以抵抗，没有防治该病的特效药。目前主要的手段以预防为主。对于犊牛腹泻，喂食时做到"六定"，将大面积减少疾病的发生。

①定时：每天每顿的吃食时间需要固定，提高犊牛的消化功能。

②定量：喂奶时，每头犊牛的喂奶量需要固定在200~300毫升。

③定质量：用健康奶牛的奶喂食犊牛，需要保证犊牛的奶源安全。

④定温度：每次给犊牛喂奶的温度需一致，保持在38℃左右，过高或过低都会对犊牛的免疫力有伤害。

⑤定人员：喂食的人员不要频繁更换，犊牛警惕性高，不喜欢和陌生人打交道。熟人更容易引起它的条件反射，知道喂食的时间到了。

⑥定槽位：吃食的地方比较熟悉，对犊牛的食量有益。

（二）新生犊牛杂交热

新生犊牛杂交热是犊牛（主要是母犊牛）在出生2~5天内，突然发生一种以出汗不止、高热、呼吸粗喘为特征的疾病。

（1）临床症状：犊牛出生时一切正常，食母乳后2~5天内发病。病犊精神不振，卧多立少，食欲减退，尿少色黄，大便黏稠，全身发热，体温39.6~42℃，喘粗，呈明显的胸腹式呼吸。最典型的特征是全身出汗不止，衰竭死亡。

（2）治疗：

①安痛定注射液10毫升，氨苄西林钠0.1克，地塞米松磷酸钠注射液5毫升，混合肌注。鱼腥草注射液20毫升，肌肉注射。药用酒精或白酒适量擦洗畜体。

②禁食母乳，饲喂其他健康母牛的新鲜乳汁，每天给病犊喂服250~2000毫升的清洁凉开水。严重病犊每天静脉注射葡萄糖生理盐水500~1000毫升，维生素C 2~3克。

③该病患畜都有出汗经过，且单独使用抗生素、磺胺类药物，输液补糖、补维生素治疗基本无效。所以应以药物治疗为辅，换乳、补水为主。

④此病母犊明显多于公犊，且均为黑白花杂交犊牛。

⑤该病牛黏膜既不苍白，也不黄染，更无血红蛋白尿，排尿不困难，应与新生畜溶血性黄疸相区别。

（三）牛鼻子出血

牛鼻子出血属血证，在兽医临床实践中属少见病例，不常遇到。轻微的小出血经过及时处理便能止血，而频繁或长时间的恶性鼻出血不容忽视，处理起来也相对困难一些。

（1）症状：患牛单侧或双侧鼻孔流出鲜红色血液，不含气泡或仅有少量气泡为特征。出血严重或较长时间出血，患牛可出现体虚乏力，精神倦怠，呼吸喘粗，心速加快，瞳孔散大，可视黏膜苍白，甚至休克。鼻出血可表现为一般小出血和恶性出血两种形式。一般小出血经过及时的物理、外科、药物止血处理便能起到止血效果，且复发可能性小。恶性出血常表现为间歇式出血，且呈现为间隔周期越来越短，越来越频繁，出血也越来越加重的特点，常规处理很难收效，治疗难度增大。

（2）病因：

①原发性的常由外伤、异物、寄生虫、溃疡、肿瘤，具有出血性疾病所引起。

②血热妄行，气不摄血。外感热邪，或虚火内生，均可迫血妄行，离开脉络，而发生出血。

③长期气候干燥，空气中水分子较少，如牛体长时期置于烈日下曝晒，鼻腔黏膜干燥龟裂可引起毛细血管破裂而出血。

④体弱多病，或大病久病，牛体长期接受具有抑制凝血酶原合成和血小板黏着聚集或活血祛瘀等药物治疗，可引起药物性出血。

图2-1 牛鼻子出血

（3）防治：

①物理疗法：发生鼻出血初期，首先将患牛静置于庇荫凉爽的圈舍或场地，让其安静站立或躺卧。一般小出血可用井水或凉自来水浇注头颈部降温，并在额、鼻梁上用冰袋冷敷，直至出血减少和停止。

②外科止血：在用物理方法治疗鼻出血收效甚微或无效时应及时采取外科手术方法止血。首先要检查和确定出血部位，是单侧还是双侧鼻出血，部位深还是浅，出血灶鼻黏膜伤口情况如何，如果出血部位浅，鼻黏膜裂口不大，可用止血钳夹持消毒棉花或纱布每次按压伤口5~10分钟反复止血，直至出血完全停止。如果出血部位较浅，鼻黏膜裂口较大，则考虑采用伤口缝合、填塞、封闭等措施止血。如果出血部位较深，常规外科方法无法操作，则考虑向鼻腔滴入1∶50000盐酸肾上腺素液或用浸渍有止血药液的纱布条往鼻腔深部填塞至出血灶，直到出血完全停止，方可轻取出纱布条。

③药物止血：在结合物理、外科止血的同时，肌肉注射止血敏、安络血等止血药，可收到良好的止血效果。对于出血时间长、出血量较大，患牛出现体虚乏力、精神倦怠等有虚脱症状倾向的，应及时给予补充体液和能量，并配合静注10%氯化钙等药物。

④清热止血：对于外感热邪，或虚火内生的血热妄行，间歇式频繁恶性出血的患牛应结合中药治疗，按疗程及时给予清热泻火，凉血止血。中药方剂可用十黑散（知母30克，黄柏30克，地榆30克，蒲黄30克，栀子20克，槐花20克，侧柏叶20克，血余炭20克，杜仲20克，棕榈皮15克，除血余炭外，各药炒黑，共为末，开水冲，候温灌服）。

⑤预防措施：患牛康复期，可根据实际情况通过在饮食或饮水中添加金维他（含维生素K_3、维生素D_3、叶酸等）、大黄苏打粉、钙剂等预防性治疗，加强日常饲养护理，静心休养。

第三章　肉羊标准化养殖技术

第一节　肉羊饲养管理

（一）消化器官构造和机能特点

羊是复胃家畜,它的胃是由瘤胃、网胃、重瓣胃和皱胃四部分组成。其中,瘤胃容量很大,约占复胃容量的80%。网胃的容积小,其内容物与瘤胃相互混合,消化、吸收功能与瘤胃基本相似,统称为反刍胃。反刍胃内的食糜流入重瓣胃,在这里压榨过滤水分被吸收后,排到皱胃里,与单胃家畜的胃相似,分泌消化酶,消化蛋白质。

瘤胃也叫第一胃,不分泌消化酶,但是瘤胃内有大量共生的细菌和纤毛虫等微生物。这些共生的微生物能分解消化饲料中的纤维素,使它变为低级挥发性有机酸被羊吸收,所以羊对粗饲料消化力比单胃家畜强。微生物还能将草料中的蛋白质以及尿素中的氮分解利用,变为菌体蛋白质,而后被消化吸收。这也是单胃家畜不能比拟的。

羔羊出生后不久,只能在皱胃中消化乳汁。其他三个胃的机能尚未发育好,不能消化纤维素饲料。

羊的盲肠和结肠里也有微生物繁殖,饲料中的部分物质是在这里消化的。此外,羊的消化道比一般家畜相对都长。由于羊在消化器官构造上有以上特点,所以比一般家畜能更好地消化利用饲料中的营养物质。

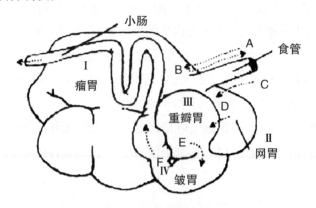

图3-1　食物在体内经过的路线（以虚线表示）

羊对粗饲料的消化利用主要依靠瘤胃。瘤胃为微生物提供了良好的生存环境,使微生物与羊形成"共生关系"。羊本身不能产生粗纤维水解酶,而微生物可以产生这种酶,把饲料中的粗纤维分解成容易消化的碳水化合物。微生物利用瘤胃的环境条件和瘤胃中的营养物质大量繁殖,形成大量的菌体蛋白。随着胃内容物的下移和微生物的死亡体解,在小肠被羊吸收利用而得到大量的蛋白质营养物质。所以说,瘤胃是羊利用粗纤维的关键场所。

（二）饲养方式

放牧加舍饲,一般夏秋放牧冬春舍饲。因为夏秋季节青草营养价值高,母羊刚刚剪掉十几斤羊毛,一身轻松体力充沛,此时放牧羊的采食能力强,复膘迅速。冬春季节由于羊毛逐渐增长,负担加重,加之怀孕后期体脂消耗过多,羊体逐渐瘦弱。这个季节草木枯黄,营养丧失,此时若过远放牧,羊体用于运动消耗和抗寒消耗的营养超过采食摄入的养分,使羊体入不敷出,膘情渐瘦。此时应以舍饲或就近放牧加舍饲为宜。

图3-2 放牧中的昭乌达肉羊

（三）肉羊饲养管理原则

（1）分群饲养:羊的年龄、性别、生理状况不同,所需要的饲养条件和营养水平也不一样,可根据不同羊群的不同营养需要分群饲养,分别供应饲草饲料。

（2）饲喂要"三定":即定时、定量、定质。

定时:饲喂要固定时间,使羊形成良好的生活习惯。这样羊吃得饱,休息得好,有利于羊的生长发育和繁殖。

定量:每次的饲喂量要相对固定。羊的日粮要营养全面,按不同的生长阶段供给足够的饲草饲料。

定质:保证饲料的质量,不喂给霉变、污染、冰冻的饲草饲料。饲料搭配要科学合理、营养全面,不同生长阶段配给不同营养的饲料。

（3）精养细喂,少给勤添:设计科学合理的日粮配方,精料饲喂前拌入少量的水,使其软化,以利于消化吸收。饲喂前部分精料拌入有益菌进行一定时间的发酵,再饲喂效果更好。青粗饲料要铡短，少给勤添，避免浪费。

（4）饮水要清洁：最好在栏内设置水槽，随时能让羊喝上清洁的水。注意夏季不要让太阳晒着水槽，冬季不要让水冰冷。

（5）保持卫生：定时打扫圈舍和运动场，定期刷拭羊体，保持环境和羊体卫生。

（6）搞好防疫：依照科学的防疫程序，按时注射疫苗，预防疾病发生。

（7）注意观察：饲养人员要随时观察羊的采食、饮水、休息和大小便情况，发现异常及时找出原因，采取措施。

（四）种公羊饲养管理

种公羊在羊群中数量较少，但作用很大，它是提高整个羊群繁殖性能和生产性能的关键。

图3-3　昭乌达肉羊种公羊

种公羊应常年保持健壮、活泼、精力充沛，有良好的配种能力。营养适度，维持中上等膘情，既不能过肥也不能过瘦。过肥使性机能减退，受胎率降低；过瘦则体弱精减，同样会影响公羊的种用价值。

种公羊饲养可分为配种期和非配种期两个阶段。配种期公羊消耗营养和体力较大，需要的营养较多，特别对蛋白质的需求加大。一般在配种前1～1.5个月就应加强营养，逐渐增加日粮中的蛋白质、维生素和矿物质等。到了配种期，根据配种次数的多少，补给2～4个鸡蛋和适量的大麦芽、小麦胚。同时，任其采食优质青干草，适当喂些胡萝卜等。非配种期，以牧草为主，每天适量补充精料。常年有营养舔砖，供羊随时舔食。每天要保证公羊有足够的运动量，一定要与母羊分开饲养。

(五)成年母羊饲养管理

母羊担负着配种、妊娠、哺乳等各项繁殖任务，应保持良好的营养水平，以求实现多胎、多产、多活、多壮的目的。一年中的母羊饲养管理，可分阶段进行。

（1）配种前的饲养：在配种前1.5个月，应对母羊加强饲养管理，抓膘、复壮，为配种、妊娠贮备足够的营养。对体况不佳的羊，给予短期优饲，即喂给最好的饲草，并补给最优的精料。

（2）妊娠期的饲养：妊娠期为150天，可分为妊娠前期和妊娠后期。

妊娠前期是妊娠后的前3个月，此期胎儿发育较慢，所需营养较少，但要求能够继续保持良好膘情。日粮可由50%青绿草或青干草、40%青贮或微贮、10%精料组成。

妊娠后期是妊娠后的最后2个月，此期胎儿

图3-4 昭乌达肉羊基础母羊

生长迅速，增重最快，初生重的85%是在此期完成的，所需营养较多。

（3）哺乳期的饲养：哺乳期大约4个月，分哺乳前期和哺乳后期。哺乳前期即羔羊生后的2个月，此时羔羊营养主要依靠母乳。羔羊每增加1千克体重约需母乳5千克。为满足羔羊快速生长的需要，必须特别加强母羊的饲养，提高泌乳量。要尽可能多地提供优质饲草、青贮或微贮、多汁饲料，精料要比妊娠后期略有增加，饮水要充足。母羊泌乳在产后40天达到高峰，60天后开始出现下降，这个泌乳规律正与羔羊胃肠机能发育相吻合。60天后，随着泌乳量的减少，羔羊瘤胃微生物区系逐渐形成，利用饲料的能力日渐增强，已从以母乳为主的阶段过渡到了以饲料为主的阶段，此时便进入母羊的哺乳后期。

哺乳后期，羔羊已能采食饲料，对母乳依赖度减小，应以饲草、青贮或微贮为主进行饲养，可以少喂精料。

(六)羔羊饲养管理

羔羊的生理机能处于急剧变化阶段，生长发育快，可塑性较大。此时期饲养得好坏，直接影响其本阶段的生长发育，以及成年时的体型结构、生产性能。因此，在肉羊生产中，一定要加强羔羊培育工作。

（1）初乳期（初生至第5天）：母羊产后5天以内的乳叫初乳，它含有丰富的蛋白质、脂肪、维生素、

图3-5 昭乌达肉羊羔羊

无机盐等营养物质和抗体。羔羊出生后及时吃到初乳,对增强体质、抵抗疾病和排出胎便有很重要的作用。因此,应让羔羊尽量早吃、多吃初乳,利于增强体质,提高羔羊成活率。

(2)常乳期(6~60天):常乳是母羊产后第6天至干奶期以前所产的乳汁,它是一种营养完全的食品。因此,一定要让羔羊吃足吃好。从10日龄后开始补饲青干草,训练开食;10日龄后,在饲槽里放上用开水烫过的料引导小羊去啃;从40日龄后开始减奶量增草料。

(3)奶与草料过渡期(60~90天):这一阶段,要注意日粮的能量、蛋白质营养水平和全价性。后期奶量不断减少,以优质干草与精料为主,奶仅作为蛋白质补充饲料。对于生长发育良好的羔羊,应实行早期断奶。

(4)断奶:羔羊的正常断奶时间为4月龄,早期断奶可以使母羊尽快复壮,使母羊早发情、早配种,提高母羊的繁殖率。也可以促使羔羊肠胃机能尽快发育成熟,增加对纤维物质的采食量,提高羔羊体重和节约饲料。从羔羊3月龄起,母乳只能满足羔羊营养需要的一小部分。早期断奶时间要视羔羊体况而定,一般为2~3月龄。

早期断奶的技术要点:

①尽早补饲:羔羊出生后一周开始跟着母羊学吃嫩叶或饲料,在15~20日龄就要开始设置补饲栏训练吃青干草,以促进其瘤胃发育。1月龄后让其采食开食料,开食料为易消化、柔软且有香味的湿料,并单设补充盐和骨粉的饲槽,促其自由采食。

②逐渐断奶:羔羊计划断奶前10天,晚上羔羊与母羊在一起,白天将母羊与羔羊分开,让羔羊在设有精料槽和饮水槽的补饲栏内活动。羔羊活动范围内的地面等应干燥、防雨、通风良好。

③防疫:羔羊肥育时常见的传染病有肠毒血病和出血性败血病等,预防可用三联四防灭活干粉疫苗在产羔前给母羊注射,也可在断奶前给羔羊注射。

(5)补饲:羊一年四季均可放牧,但在越冬期间,因牧草枯萎,营养价值低,放牧采食量少,以及天寒地冻等因素,尽量不要出牧。此期有的母羊已经妊娠、产羔或是正在哺乳,或是幼龄羊正处于生长发育、迅速增长时期,需要营养多。所以,每年夏、秋季节,就要着手贮备越冬草料。根据羊的具体情况和天气变化,适时给羊补饲,保证羊能安全越冬。

图3-6 哺乳期的昭乌达肉羊母羊

羔羊在断奶前进行补饲主要有如下几点好处：

第一，加快羔羊的生长发育速度，为日后提高育肥效果打好基础，缩短育肥期限。

第二，有利双羔或多羔羊的生长。一般双羔羊或多羔羊生长体重小，母羊供给的奶量是一定的，提前补饲有助于双羔羊或多羔羊的生长发育。

第三，减少羔羊对母羊索奶的频率，使母羊有足够的时间采食、休息，从而使泌乳高峰保持较长时间。

第四，促进羔羊消化系统发育，锻炼采食能力，使羔羊断奶后迅速适应新的饲养管理方式。

一般情况下，对羔羊进行隔栏补饲。即在母羊圈舍的一头，设置补饲栏，以每只羔羊占0.5平方米设计补饲栏，内设草架、饲槽、水槽。补饲栏进出口宽约20~25厘米，高40~50厘米，只供羔羊进出，母羊进不去。

一般在羔羊15日龄开始补饲，这时的羔羊也会跟着母羊吃一些饲草，但对饲草饲料还无恋食现象，不用担心羔羊贪吃过食。开始补饲时，在饲槽内放些配制好的开食料，量要少，当天吃不完的剩料到晚上要清理干净，第二天再放新料。等羔羊学会吃料后，每天补饲两次，每次投料量以羔羊能在20~30分钟内吃完为准。除定时补饲开食料外，草架内要放置苜蓿等优质干草，供羔羊自由采食。

图3-7 断奶补饲的昭乌达肉羊羔羊

（6）肥羔生产优点：

第一，羔羊生长快，饲料报酬高，成本低，收益高。

第二，羔羊育肥提高了出栏率及出肉率，缩短了生长周期，加快了羊群周转，提高了经济效益。

第三，羔羊肉质具有鲜嫩、多汁、精肉多、脂肪少、味道美、易消化及膻味轻等优点，受到消费者欢迎，市场价格明显提高。

第四，羔羊的皮张质量比老年羊皮张质量好，是生产优质皮革制品的原料。

第二节 肉羊日常管理技术

（一）编号

用专用笔在耳标上进行书写，一般情况下第一、第二个数代表羊出生的年份，第三、第四两个数代表羊出生的月份，后三位数字代表的是羊的具体排号。例如：1103056，代表的是羊出生的时间是2011年3月，056代表的是羊的个体编号。在用耳号钳打耳标时，应靠近耳根软骨部，避开血管，先用碘酊消毒，然后打孔。

去势的羊通常称为羯羊。去势后的公羔性情温顺，管理方便，肉的膻味小。去势一般在公羔出生后15天左右进行，如遇阴天或体弱者可适当推迟。最好在上午10点左右进行，以便全天观察和护理去势羊。给羊去势的方法大体有三种。

（1）刀切法：一人将羊置于凳上，保定好，用手抓住羊前后腿。术者先用碘酊涂羊阴囊外部消毒，一手握阴囊上方，将睾丸挤至最下方，用手握紧，一手用消毒过的手术刀在阴囊下方切口，将睾丸精索挤出并撕断。再用同样方法切除另一侧睾丸。睾丸切除后，伤口要消毒并撒消炎粉。术后要让羔羊处于干燥处，以免刀口感染。

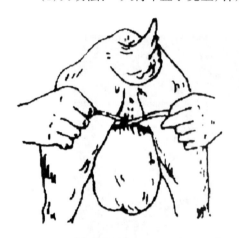

图3-8 结扎法去势

（2）结扎法：羔羊站立保定，先将睾丸挤在阴囊下端，再用橡皮筋套在阴囊上部，阻断其血液流通。经10～15天，阴囊、睾丸便自行枯萎脱落。此法操作简便，对羔羊发育影响较小，也不会感染疾病。

（3）去势钳法：用专用的去势钳在公羔的阴囊上部将精索夹断，睾丸便逐渐萎缩。该方法快速有效，但操作者要有一定的经验。无经验者，往往没有把精索夹断而达不到去势的目的。

（二）捕羊及导羊

捕羊人应从羊背后接近，两手迅速抓住羊左右肷窝的皮或抓住羊的飞节上部，抓其他部位对羊都有伤害。

导羊前进时站在羊的左侧，用左手托住羊的颈部，用右手轻轻搔羊的尾根，羊即可前进。

（三）断尾

断尾的目的是减少粪尿对后腿羊毛的污染和便于配种。断尾时间多在羔羊生后5～14天，选择风和日丽的早晨进行。如羔羊体质弱，或天气过冷，可顺延几天，但羔羊断尾越早越好。

断尾的方法有结扎、烙断两种。

结扎法断尾，是一个简便、易行、安全的方法。羔羊生后5天左右，将弹性很强的橡皮圈，用钳子撑开，套在尾部第3~4尾椎之间的预备切断之处，橡皮圈收缩时断绝了血液的流通，尾的下部得不到营养便逐渐萎缩，最后脱落。在没有特制的橡皮圈情况下，可用羊假阴道的旧内胎切成小橡皮圈，每一内胎大约可切60个，或者用多根一般的细橡皮圈也可以。

注意：结扎法断尾时要注意橡皮圈一定要结实，防止结扎期间出现橡皮圈返松、脱落现象，使羔羊因尾部坏死部分感染而出现意外死亡事件。

热断法：可用断尾铲或断尾钳进行。用断尾铲断尾时，首先要准备两块20厘米见方的木板。一块木板的下方挖一个半月形的缺口，木板的两面钉上铁皮，另一块木板两面也钉上铁皮。操作时，一人把羊固定好，两手分别握住羔羊的四肢，把羔羊的背贴在固定人的胸前，让羔羊蹲坐。操作者用带有半月形缺口的木板，在尾部第3~4尾椎间，把尾巴紧紧地压住。用灼热的断尾铲紧贴木块稍用力下压，切的速度不宜过急，若有出血，用热铲再烫一下即可，然后用碘酊消毒。

（四）剪毛

一般情况下，肉羊剪毛时间在5月1日前后，应选择晴朗的日子，在羊的体况良好时进行。提前剪毛或迟后剪毛，都可能遭受到不应有的损失，更重要的是影响出圈和抓夏膘。剪毛前3~5天，对剪毛场所应进行认真消毒和清扫。在露天场地剪毛应选在高燥的地方，并铺上席子，以免沾污羊毛。在剪毛前12小时应停止放牧、饮水和饲喂，以免剪毛时粪便污染羊毛和发生伤亡事故。

（五）修蹄

羊蹄若长期不修，不仅影响羊行走，而且会引起蹄病，严重时会造成羊行走异常、采食困难。修蹄时先掏出趾间的脏物，一般先从左肢开始。修后蹄时，修理人员用两条大腿夹住羊腿的飞节部分。修右前蹄时，修蹄人员用右腿扛羊。修蹄时，一次不可削得太多，一般修到能看到淡红色的微血管时为止，再削就会出血。若有轻微出血可涂以碘酊；若出血较多，可将烙铁烧红后烙出血部位。用烙铁止血时动作要快，不然就会烫伤羊蹄。修理好的羊蹄，底部要求平整，形状要求方圆。已经变形的蹄子需要经过几次修理才能矫正。舍饲的羊一般每隔1~2个月就需要修蹄1次。

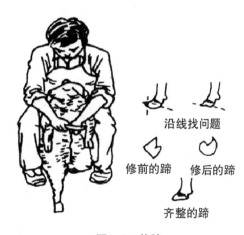

图3-9　修蹄

修蹄一般在春季和夏季进行。可以在雨后进行，因羊蹄角质被雨水浸软后容易修整，但要注意修整后将羊放到干燥地面上饲养几天。

（六）药浴

药浴是羊饲养管理中的一项重要工作。为预防和驱除羊体外寄生虫，避免疥癣发生，每年应在羊剪毛后10天左右，彻底进行药浴一次。

1. 药浴液

用敌百虫（2%溶液）、速灭杀丁（80~200毫克/升）、溴氰菊酯（50~80毫克/升），或石硫合剂（生石灰7.5千克、硫黄粉末12.5千克，加水150千克拌成糊状，煮沸，边煮边拌，煮至浓茶色为止，沥去沉渣，取上清液加温水500千克即可）。也可用50%的辛硫磷乳油，这是一种新的低毒高效农药，效果很好。配制方法是100千克水加50克辛硫磷乳油，水温为25~30℃，洗羊1~2分钟。每50克乳油可药浴14只羊，第一次洗过后1周，再洗一次即可。

2. 药浴方法

常用的药浴池为水泥建筑的沟形池，进口处为一广场，羊群药浴前集中在这里等候。由广场通过一狭道至浴池，使羊缓缓进入。浴池进口做成斜坡，羊由此滑入，慢慢通过浴池。池深1米多，长10米，池底宽30~60厘米，上宽60~100厘米，羊只能通过而不能转身即可。药浴时，人站在浴池两边，用压扶杆控制羊，勿使其漂浮或沉没。羊群浴后应在出口处（出口处为一倾向浴池的斜面）稍作停留，使羊身上流下的药液回流到池中。

3. 药浴注意事项

药浴要选择晴朗、暖和、无风的天气进行，以防羊受凉感冒。药浴后，如遇风雨，应将羊赶入羊圈以保安全。

羊群药浴前8小时停饲停牧。药浴前2~3小时给羊充分饮水，以免羊饮食药液中毒。

药浴液温度一般应保持在30℃左右。病羊、小羔羊、妊娠3个月以上的母羊及受伤羊只禁止药浴。操作人员要戴橡胶手套，以防止药液侵蚀手臂。

大群羊药浴时，最好先用1~2只羊进行安全试验，确认不会引起中毒时，才能进行大群药浴。对出现中毒症状的羊只，应及时解毒抢救。

（七）提高肉羊生产的关键技术

（1）母羊妊娠后期补饲。胎儿重量的80%是在妊娠后期2个月增长的，这时给母羊补饲，能弥补营养的不足，保证胎儿正常发育。给母羊妊娠后期补饲，所生羔羊初生重、断奶重均较高，而且母羊产后乳量充足，羔羊发育健壮。

（2）羔羊补

图3-10　母羊妊娠后期补饲

饲。羔羊在2月龄以内增重最快,其食物以乳为主。因此,要保证羔羊吃到足够的母乳。羔羊3月龄以后,母羊的泌乳量开始骤减,羔羊的采食量则日渐增加。所以,应加强对羔羊的补饲。最初给羔羊优质的草料,使前胃受到锻炼,发育日益完善,采食量也随之逐渐增加,这样对羔羊生长发育有利。

(3)适时断奶。羔羊断奶的年龄应根据羔羊发育状况及母羊繁殖特性来决定。羔羊发育良好或母羊1年2产,可适当提早断奶;羔羊发育较差,就应适当延长哺乳时间。一般在羔羊生后60~90天,体重在15千克以上时断奶比较合适,这时羔羊可以完全利用草料。

(4)适时屠宰。羔羊生长具有一定的规律性,前期生长较快,饲料转化率较高;后期生长较慢,饲料转化率降低。所以,育肥一定时期后应适时屠宰,才能获得最佳育肥效益。

(5)防治体内外寄生虫。采用内驱外浴的药物防治方法,使为害羊体正常生长发育的寄生虫得到有效的控制。寄生虫可降低羔羊生长速度15%~30%,甚至可使个别体况欠佳的羊只致死。防治体内外寄生虫是保证肥羔生产的重要措施。

(6)选用适宜的促生长剂。在肉羊饲料中添加适量的促生长剂,可以增加肉羊的日增重,效果较好。

第三节 肉羊育肥技术

(一)影响育肥效果的因素

1. 个体差异

育肥羊个体间年龄、强弱、膘情等个体差异均会对育肥效果产生很大影响。在育肥过程中,羔羊育肥和成年羊育肥效果好,老年羊育肥效果差一些。

2. 育肥技术与管理

育肥羊应加强饲养管理,妥善安排驱虫、防疫、饮水与喂料等各环节,每一环节应尽量在较短的时间内完成,以尽可能增加有效的育肥时间。

(二)育肥前的准备

1. 搞好环境卫生

在育肥前进行彻底消毒,在羊舍周围用2%火碱或撒生石灰消毒,用规定浓度的次氯酸盐、有机碘混合物、新洁尔灭、煤酚等进行羊舍消毒,用甲醛等对饲喂用具和器械在密闭的室内或容器内进行熏蒸。

2. 做好驱虫药浴工作

在育肥前对育肥羊进行一次驱虫药浴。

3. 整理分群

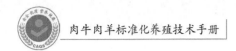

将病弱羊及时挑出,经隔离治疗后再转入大群进行育肥。

4. 制定育肥进度和育肥强度

根据羊的年龄、体格大小、体况等,制定育肥进度和强度。一般情况下,羔羊育肥时间在6~7月龄结束。采用强度育肥,可获得较高的增重效果且育肥期短;若采用放牧育肥,则需延长育肥期。

5. 确定育肥日粮标准

由于育肥羊的年龄、活重、膘情、健康状况不同,所以首先要根据育肥羊情况及计划日增重指标,确定合适的育肥日粮标准。同时日粮的组成应就地取材,同时搭配上要多样化。

6. 备好育肥羊舍

育肥羊舍应该通风良好、地面干燥、卫生清洁、夏挡强光、冬避风雪。圈舍地面上可铺少许垫草。羊舍面积按每只羔羊0.75~0.95平方米、大羊1.1~1.5平方米准备,保证育肥羊的运动、歇卧。饲槽长度应与羊数量相称,每只羊平均饲槽长度大羊为40~50厘米,羔羊23~30厘米。要避免由于饲槽长度不足,造成羊吃食拥挤,进食量不均的情况出现,以免影响育肥效果。

7. 育肥前称重

以便检查育肥效果及经济效益。

8. 预饲期

进行育肥的羊只不能马上转入育肥阶段,需要有15天左右的预饲期。预饲期间逐渐增加日粮的用量,使羊只逐渐适应育肥日粮,提高育肥效果。

（三）育肥方式

分放牧育肥、舍饲育肥和混合育肥三种。

1. 放牧育肥

利用天然草场、人工草场或秋茬地放牧,羊只采食青绿饲料种类多,容易获得全价营养,能满足羊生长发育的需要,达到放牧抓膘的目的。其优点是成本低,经济效益相对较高。缺点是常常要受到气候和草场等多种不稳定因素变化的干扰和影响,造成育肥效果不稳定和不理想。在草场分配上,羔羊宜在以豆科草为主的草场上放牧育肥,因为羔羊的育肥主要是蛋白质的沉积,豆科牧草蛋白质含量高;成年羊和老年羊可放牧在禾本科草为主的草场上,增重以沉积脂肪为主。在人工灌溉草场上,第1~3年的草场宜放牧羔羊。

2. 舍饲育肥

舍饲育肥是根据育肥羊育肥前的状态,按照饲养标准和饲料营养价值配制羊的饲喂日粮,并完全在舍内喂料、饮水的一种育肥方式。与放牧育肥相比,在相同月龄屠宰的羔羊,活重可高10%,胴体重高20%,故舍饲育肥效果好,能提前上市。舍饲育肥羊的来源应以羔羊为主,舍饲育肥羊日粮中精料可以占到日粮的45%~60%,随着精料比例的增高,育肥强度增大。加大精料喂量时,必须防止过食精料引起的肠毒血症和钙磷比例失调引起的尿结石症等;防止肠毒血症,主要靠注射疫苗;防止尿结石,在以各类饲料和棉籽饼为主的日粮中可将钙含量提高到0.5%水平或加0.25%氯化铵,避免日粮中钙磷比例失调。育肥期不宜过长,舍饲育肥通常为75~100天,时间过短,育肥增重效果不显著;时间过长,饲料转化率低,育肥经济效益不理想。在良好的饲料条件下,育肥期一般可增重10~15千克。

3. 混合育肥

有两种情况:其一是在秋末草枯后对一些未抓好膘的羊,特别是还有很大增重潜力的当年生羔羊,延长一段育肥时间,在舍内补饲一些精料,经30~40天屠宰;其二是指育肥羊完全通过放牧不能满足快速育肥的营养需求,而采用放牧加补饲的混合育肥方式。在草料的利用上要先喂次草、次料,再喂好草、好料。补饲量应根据草场情况决定,草场好则少补,草场差则多补。一般可按每只羊0.5~1.0千克干草和0.1~0.3千克混合精料补饲。

(四)羔羊育肥

1. 1.5月龄羔羊断奶全精料育肥

羔羊早期(3月龄以前)生长的主要特点是生长发育快,脂肪沉积少,增重的主要部分是肌肉、内脏和骨骼,所以饲料中蛋白质的含量应该高一些。另外,羔羊消化机能与成年羊不一样,主要是瘤胃发育不完全,消化方式与单胃家畜相似。1.5月龄羔羊断奶育肥后在3月龄后上市,可以缓解5—7月羊肉供应淡季的市场供需矛盾。1.5月龄羔羊断奶全精料育肥较佳饲料配合比例为:整粒玉米83%、豆饼15%、石灰石粉1.4%、食盐0.5%、维生素和微量元素0.1%。饲喂方式采用自由采食,自由饮水。饲槽离地面高度应随羔羊日龄增长而提高,饲喂量以饲槽内饲料不堆积或不溢出为原则。

管理应注意以下几个方面。

第一,羔羊断奶前半个月实行补饲。

第二,断奶前补饲的饲料应与断奶育肥饲料相同。刚开始补饲时玉米粒要稍加破碎,待羔羊习惯后则喂以整粒玉米。羔羊在采食整粒玉米初期,有吐出玉米粒现象,反刍次数也较少,随着羔羊日龄增加,吐玉米粒现象逐渐消失,反刍次数增加,此属正常现象,不影响育肥效果。

第三,羔羊育肥期间常见的传染病是肠毒血症和出血性败血症。肠毒血症疫苗可在产羔前给母羊注射或断奶前给羔羊注射,一般情况下,也可以在育肥开始前注射羊快疫、猝疽、肠毒血症三联苗。

第四,育肥期一般为50~60天。

2. 哺乳羔羊育肥

同样着眼于3月龄出栏上市,但不提前断奶,只是提高补饲水平,到出栏时间从大群中挑出达到屠宰体重的羔羊(25~27千克)出栏,达不到出栏标准的羔羊断奶后转入一般羔羊群继续饲养。其目的是利用部分秋季和冬季所产羔羊供节日特需的羔羊肉。

饲养管理:哺乳羔羊育肥基本上以舍饲为主,从羔羊中挑选体格大的公羔作为育肥对象。为了提高育肥效果，母子同时加强补饲，要求母羊母性好，泌乳多。哺乳期间母羊每日喂给足量的优质豆科干草，另加喂0.5千克精料，配方同1.5月龄羔羊断奶全精料育肥。每天喂2次，每次喂量以20分钟内吃完为宜。到了3月龄，活重达到标准的出栏上市。

3. 断奶羔羊育肥

断奶羔羊育肥是羔羊育肥的主要形式。断奶羔羊除部分选留到后备群外，大部分需出栏。一般情况下，体重小或体况差的进行适度育肥，体重大或体况好的进行强度育肥。

根据育肥计划和饲料条件分为精料型、粗料型和青贮型三种育肥方式。

精料型育肥：仅适用于体重较大的健壮羔羊育肥，入圈时羔羊活重大约为35千克，经过40~50天强度育肥，出栏重可达到48~50千克。精料型育肥日粮参考配方：玉米96%，蛋白质平衡剂4%，食盐自由采食。其中，蛋白质平衡剂的成分为上等苜蓿粉62%，尿素31%，磷酸氢钙3%，粘固剂4%。

粗料型育肥：适用于体重一般的羔羊，在饲喂前期主要以饲喂粗饲料为主，有条件的饲喂优质豆科干草，另加少量精料以补充足够的蛋白质饲料，待羔羊生长发育一段时间后再提高精料的饲喂量进行强度育肥。饲喂时要严格按照渐加慢换原则转变羔羊饲料，使羔羊有充足时间适应饲料的转变，待转变成育肥期饲料后，在饲喂精料时要将精料分成两份，早晚各一份，先喂精料再给干草。

青贮型育肥：以玉米青贮饲料为主，可占日粮的67.5%~87.5%，其余部分为精料。此方法适用于体型较小的羔羊，不适用于育肥初期及短期强度育肥羔羊。此方法育肥期在80天以上，育肥羔羊先经过10~14天预饲期再逐渐转换至该日粮。日粮参考配方如下：

配方1：碎玉米粒27%、青贮玉米67.5%、豆饼5%、石灰石0.5%，另加少量维生素A和维生素D。配方2：碎玉米粒8.75%、青贮玉米87.5%、豆饼3.5%、石灰石0.25%，另加少量维生素A和维生素D。饲喂时应严格按配方比例混匀饲料，尤其是石灰石粉不可缺少。羔羊每日进食量不低于2.3千克，预期日增重可达110~160克。

（五）成年羊育肥

育肥的成年羊主要为淘汰的公母羊及瘦弱羊。目前主要的育肥方式是混合育肥。秋季选择要淘汰的母羊及瘦弱羊进行育肥，育肥期一般为80~100天。此类羊育肥日增重偏低，在实际育肥过程中可采用以下两种方法：一是使淘汰母羊配上种，利用母羊怀胎后行动稳重、食欲增强、采食量大增、增膘快的特点，怀胎育肥60天左右出栏；二是将淘汰母羊转入秋牧场或农田茬子地放牧，待膘情好转后再转入舍饲育肥。舍饲育肥期间日粮中应有一定数量的多汁饲料。成年羊育肥参考配方如下。

配方1：每日喂优质干草0.5千克，青贮玉米4千克，碎玉米0.25千克。

配方2：每日喂优质干草1.0千克，青贮玉米0.5千克，碎玉米0.3千克。

第四节　昭乌达肉羊

（一）昭乌达肉羊品种来源

昭乌达肉羊是内蒙古赤峰市采用杂交育种方法培育出的良种肉羊。2012年获得国家畜禽遗传资源委员会颁发的畜禽新品种证书，是内蒙古自治区培育的第2个专用肉羊新品种，也是首个草原型肉羊新品种。

昭乌达肉羊是以杂交选育形成的偏肉用杂交改良细毛羊为母本，组建育种群，进一步应用德国美利奴肉羊进行杂交，迅速克服原有群体不足，改进了肉用和繁殖性能。在杂交二代基础上，选择理想型个体组成昭乌达肉羊育种群，进行横交固定，选育提高扩群繁育，同时开展中试推广。

（二）昭乌达肉羊的优点

（1）体大：成年母羊体重55~65千克，成年公羊体重80~130千克。

（2）毛细：育成羊毛细66~70支纱，成年羊毛细64~66支纱。

（3）毛长：育成羊毛长10~12厘米，成年羊毛长7.5~8厘米。

（4）产毛量高：育成羊产毛量3.5~4千克，成年羊5~8千克。

（5）屠宰率：45%~50%。

（6）羊毛品质好：金峰细羊毛深受毛纺厂家欢迎。

（7）经济杂交效益高：与肉羊杂交生产的羔羊，具有很强的杂种优势，表现为生长快，产肉率高，适合肥羔生产。

图3-11　毛肉兼用型昭乌达肉羊

第四章　肉羊疾病预防与治疗

第一节　羊病的发生特点及药物作用

(一)羊病发生规律与特点

(1)羊对病的反应不太敏感,在发病初期往往没有明显的症状,只有在病情严重时才有明显的表现。这时羊已处于病程后期,治疗效果不太好。所以,对羊病要早发现、早治疗。在饲养管理中勤观察羊的表现,发现异常,随时诊治。

(2)羊病发生有一定的季节性,多数病发生在季节交替时期,特别是冬春交替季节。

(3)羊病发生与饲养管理有直接的关系,在羊膘情差、管理粗放、环境变化较大和受到应激时,往往诱发羊病和降低羊的抗病力。

(4)每年在春秋两季注射预防传染病的疫苗,做好驱虫工作,可以防止羊传染病和寄生虫病的发生。

(二)病羊识别

(1)看眼。健康羊眼珠灵活,明亮有神,洁净湿润。病羊眼睛无神,两眼下垂,反应迟缓。

(2)看耳。健康羊双耳常竖立且灵活。病羊头低耳垂,耳不摇动。

(3)看毛色。健康羊被毛整洁,有光泽,富有弹性。病羊被毛蓬乱而无光泽。

(4)看反刍。无病的羊每次采食30分钟后开始反刍30～40分钟,一昼夜反刍6～8次。病羊反刍减少或停止。

(5)看动态。无病的羊不论采食或休息,常聚集在一起,休息时多呈半侧卧势,人一接近即行起立。病羊食欲、反刍减少,放牧常常掉群卧地,出现各种异常姿势。

(6)看大小便。无病羊粪呈小球状且比较干硬。补喂精料的良种羊粪呈较软的团块状,无异味,小便清亮无色或微带黄色,并有规律。病羊大小便无度,大便或稀或硬,甚至停止,小便黄或带血。

(三)羊常见传染病

羊常见的传染病有羊肠毒血症、羊快疫、羊猝疽、羊传染性胸膜肺炎、羊溶血性链球菌病、炭疽、布氏杆菌病、羊地方性流产、羔羊腹泻、羔羊肺炎、传染性脓疱口炎、羊痘、蓝舌病、绵羊进行性肺炎、山羊脑炎及关节炎等。

（四）羊常见寄生虫病

（1）预防羊寄生虫病，应根据寄生虫病的流行特点，在发病季节到来之前，用药物给羊群进行预防性驱虫。预防性驱虫通常在每年4—5月及10—11月各进行1次，或根据地区特点调整驱虫时间。羊的体外寄生虫主要有疥癣、虱蝇，体内寄生虫主要有线虫、绦虫等。

（2）防治寄生虫病的基本原则：外界环境杀虫，消灭外界环境中的寄生虫病原，防止感染羊群；消灭传播者蜱和其他中间宿主，切断寄生虫传播途径；对病羊及时治疗，消灭体内外病原，做好隔离工作，防止感染周围健康羊；对健康羊进行化学驱虫。

（五）源于羊的人畜共患病

人畜共患病，即人类和脊椎动物之间自然传播的疾病。其病原包括病毒、细菌、支原体、螺旋体、立克次氏体、衣原体、真菌和原虫、蠕虫等。人畜共患病可以通过接触传染，也可以通过吃肉或其他方式传染。带病的畜禽、皮毛、血液、粪便、骨骼、肉尸、污水等，往往都会带有各种病菌、病毒和寄生虫虫卵等，处理不好就会传染给人。羊布氏杆菌病、羊传染性脓疱病、羊结核病和羊沙门氏杆菌病、羊包虫病等均为人畜共患病。

（六）羊常见中毒病

（1）羊常见的中毒病为有毒植物中毒、饲喂霉败饲料中毒、农药中毒、治疗药物中毒、食盐中毒、尿素中毒、蛇咬中毒和灭鼠药中毒等。

（2）预防：对放牧场或打草场进行调研，有无有毒植物生长，若有应尽量对其进行铲除或消灭；施用农药或灭鼠药地区应树立标志，防止用该地区草饲喂羊；禁止饲喂发霉变质草料；临床用药计量、浓度要准确。

（3）肉羊常见中毒病急救方法：

①毒物排除法。温水1000毫升加活性炭50~100克或0.1%高锰酸钾液1000~2000毫升，反复洗胃，并灌服人工盐泻剂或硫酸钠25~50克，促使未吸收的毒物从胃肠道排出。灌服牛奶和生鸡蛋500克也有解毒作用。

②全身疗法。静脉注射10%葡萄糖或生理盐水或复方氯化钠溶液500~1000毫升，均有稀释毒物、促进毒物排出作用。

③对症疗法。根据病情选用药物。心衰时，可肌肉注射0.1%盐酸肾上腺素2~3毫升或10%安钠咖5~10毫升；兴奋不安时，口服乌洛托品5克；肺水肿时，可静脉注射10%氯化钙注射液500毫升。

（七）羊的营养代谢病

羊常见的营养代谢有羔羊白肌病、羊酮尿病、羊佝偻病、绵羊食毛症、羊维生素A缺乏症、羊异食癖等。此类病大多数是由于饲料营养不平衡造成的。营养代谢病的治疗方法是在病原学诊断的基础上，改善饲养管理，给予全价日粮，并且有针对性地放置人工盐砖，任羊自由采食，可以有效治疗营养代谢病。

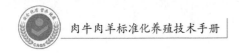

（八）合理使用药物

1. 消毒药

生石灰：加水配成10%~20%石灰乳，适用于消毒口蹄疫、传染性胸膜肺炎、羔羊腹泻等病原污染的圈舍、地面及用具。干石灰可撒布地面消毒。

氢氧化钠（火碱）：有强烈的腐蚀性，能杀死细菌、病毒和芽孢。其2%~3%水溶液可消毒羊舍和槽具等，并适用于门前消毒池。

来苏儿：杀菌力强，但对芽孢无效。3%~5%的溶液可用于羊舍、用具和排泄物的消毒。2%~3%的溶液可用于手术器械及洗手消毒。0.5%~1%的溶液内服200毫升，可以治疗羊胃肠炎。

新洁尔灭：为表面活性消毒剂，对许多细菌和霉菌杀伤力强。0.01%~0.05%的溶液可用于黏膜和创伤的冲洗。0.1%的溶液可用于皮肤、手指和术部消毒。

2. 抗生素类药物

青霉素：青霉素种类很多，常用的是青霉素钾盐和钠盐，主要对革兰氏阳性菌有较大的抑制作用。肌内注射可治疗链球菌病、羔羊肺炎、气肿疽和炭疽。治疗用量：肌内注射20万~80万单位，每天2次，连用3~5天。不宜与四环素类、卡那霉素、庆大霉素、磺胺类药物配合使用。

链霉素：主要对革兰氏阴性菌具有抑制和杀灭作用，对少数革兰氏阳性菌也有作用。口服可治疗羔羊腹泻，肌肉注射可治疗炭疽、乳房炎、羔羊肺炎及布病。治疗用量：羔羊口服0.2~0.5克，成年羊注射50万~100万单位，每天2次，连用3天。

泰乐霉素：对革兰氏阳性菌及一些阴性菌有效，特别对支原体的作用强，可治疗羊传染性胸膜肺炎。治疗用量：肌内注射，每次每千克体重5~10毫克，内服量为100毫克，每天用药1次。

3. 抗寄生虫药物

硫酸铜：用于防治羊莫尼茨绦虫、捻转胃虫及毛圆线虫。治疗用量：1%硫酸铜溶液内服，3~6月龄每只每次30~45毫升，成年羊每只每次80~100毫升。

丙硫咪唑：用于防治胃肠道线虫、肺线虫、肝片吸虫和绦虫有效，尤其对所有的消化道线虫的成虫驱除效果最好。治疗用量：内服，每千克体重为10~15毫克。注意在用药10天内不得屠宰供人食用。

伊维菌素：本品具有广谱、高效、低毒及使用方便等特点。临床上主要用于驱除羊胃肠道线虫，对羊鼻蝇蛆、羊狂蝇也有杀灭作用。用法：注射液，皮下注射，一次量按每千克体重0.02毫升，用药后21天内不得屠宰供人食用。

阿维菌素：本品与伊维菌素类似，毒性较伊维菌素略强。用法：针剂，皮下注射，每千克体重0.02毫升；粉剂，内服，每千克体重0.3毫克，用药后21天内不得屠宰供人食用。

灭螨灵：为拟除虫菊酯类药，用于羊外寄生虫防治。稀释2000倍用于药浴，稀释1500倍可局部涂擦。

4. 防疫用菌（疫）苗

应严格按说明书要求执行。使用前要注意其品种、数量和有效期，并注意瓶签上的说明。

（九）滥用抗生素危害

（1）长期用抗生素预防感染，可使羊体处于一种"依赖"抗生素的状态，从而不能主动调动免疫系统与病原微生物作斗争。久而久之，免疫系统就会因得不到"刺激"和"锻炼"而丧失免疫功能。一旦病原入侵，就无法对付。

（2）有些抗生素对内脏有损害。如四环素、红霉素、灰黄霉素等，对肝脏有一定的毒性作用。肝脏受损，制造免疫球蛋白的功能就会下降，会间接地削弱机体免疫功能。有些抗生素，如氯霉素，可致白细胞减少甚至再生障碍性贫血。由于血中或骨髓中具有免疫活性的细胞减少，也可降低免疫功能。

（3）由于滥服抗生素，使机体内一些正常而有益的细菌（如肠道双歧杆菌）减少，导致局部保护作用减弱或消失，也会得病。还有些抗生素，如链霉素、氯霉素、红霉素、头孢唑啉和多黏菌素B等都能抑制免疫功能，削弱机体抵抗力。

第二节　肉羊常见病防治

克什克腾旗肉羊采用放牧为主、舍饲为辅的饲养方式，基本上与羊只原生态的生活方式吻合，与舍饲的肉羊相比，得病的概率很低，像营养代谢类疫病很少发生。本节主要介绍一些肉羊常见病的防治。

（一）瘤胃膨胀病

1. 症状

病羊表现为烦躁不安，呆立拱背，腹部急性膨大，左侧大于右侧，拍打时呈鼓音，停止反刍，呼吸困难，心跳加快而弱，眼黏膜先变红，后变紫，口吐白沫。此症状为瘤胃膨胀病。病因是羊食入大量豆科植物（如苜蓿）和精饲料等。此病多发生于由舍饲转为放牧期的羊。

2. 防治

防止羊只采食过多的豆科牧草，不喂霉烂或易发酵的饲料，不喂露水草，少喂难以消化和易膨胀的饲料。对患病羊的治疗应以胃管放气、止酵防腐、清理胃肠为治疗原则：①对初发病例或病情较轻的羊，可立即单独灌服来苏儿2.5毫升或福尔马林1~3毫升，加水200~300毫升；②石蜡油100毫升、鱼石脂2克、酒精10毫升，加水适量，一次灌服；③对患病羊，也可用柳条等枝条衔在羊口内，将羊头抬起，利用咀嚼枝条以咽下唾液，促进嗳气的发生，排出瘤胃内的气体；④对病情较严重的羊，应迅速施行瘤胃穿刺术。

（二）线虫病

在肉羊的消化道和呼吸道中常见有多种线虫。其中在呼吸道中寄生的线虫主要有大型肺线虫和小型肺线虫。小型肺线虫的种类比较繁多，且在发育过程中需要中间宿主的参加。

各种消化道线虫所致病羊的主要临床症状为：消化紊乱、胃肠道发炎、拉稀、消瘦、眼结膜苍白与贫血，严重病例下颌间隙水肿，生长发育受阻。少数病羊体温升高，呼吸、脉搏及心音减弱，最终羊会因为身体极度衰竭而死亡。

防治：每年应计划性地施行两次驱虫。要让肉羊饮用干净的流水或井水，粪便应堆积发酵以便杀死虫卵，还应加强饲养管理以减少虫体感染的机会。对于病羊可选择下列药物进行治疗：丙硫咪唑，剂量为每千克体重5~20毫升，口服；阿维菌类药物。

（三）大型肺丝虫病

1. 病原及流行特点

大型肺丝虫病（网尾线虫病）主要危害羔羊，通常呈地方流行。成虫在宿主支气管内，含有幼虫的虫卵或孵出的幼虫随咯痰咯出，或咽下后经粪便排出，不需中间宿主。幼虫能在水、粪便中自由生活，6~7天达侵袭期。幼虫在干燥的条件下容易死亡。在低湿牧场和多雨季节，羊最易感染此病。羊在饮水或吃草时吞入侵袭性幼虫而感染，秋季尤为严重。

2. 症状

幼龄羊被害最显著，病初频发干性强烈咳嗽，后渐变弱性咳嗽，运动后尤为明显，并咳出黏稠含有虫卵及幼虫的痰液，以后呼吸渐转困难，听诊时有啰音及支气管呼吸音。并发肺炎时体温升高，体况下降，黏膜苍白，皮肤失去弹性，被毛干燥，常伴发下痢，最后在前胸或下颈部发生稀血性浮肿。羔羊死亡率很高。

3. 防治

驱虫，处理粪便，不要在低湿牧草地放牧。加强饲养管理，增强体力。用左旋咪唑、氰乙酰肼或5%磺胺噻唑钠气管注射，或用碘溶液（碘片1.0克、碘化钾1.5克、蒸馏水1500毫升）煮沸消毒后备用。气管注射：成年羊10~15毫升，羔羊8毫升，1岁羊10毫升，每日1次，连续2日。

（四）口蹄疫

1. 症状及病原

口蹄疫也叫"口疮""蹄癀"，是由口蹄疫病毒所引起的偶蹄兽的一种急型、热性、高度接触性的传染病。我国的《动物防疫法》将口蹄疫列为一类传染病，世界动物卫生组织（OIE）将其列入A类法定报告疫病记录。其特征是在口腔黏膜、蹄部和乳房皮肤发生水疱和溃烂。

本病传播非常迅速，常造成大流行。病羊体温高达40~41℃，食欲减退，咀嚼困难，精神沉郁，产奶量下降。口腔黏膜发红、发热，黏膜出现水疱，初为淡黄色透明液，后变浑浊，破溃后留下浅表鲜红色湿润烂斑。同时，可见病羊跛行，蹄部出现水疱，继而水疱破溃、糜烂，而后愈合。一些羊由于未及时治疗，可出现化脓或坏死，蹄匣脱落，甚至发生死亡。羊的乳房、乳头皮肤和鼻端等部位亦可发生水疱及糜烂。山羊患病比绵羊严重，死亡率也高。

2. 防治措施

在发病地区要定期注射口蹄疫疫苗。加强检疫，防止本病从异地传入。一旦发现本病，应划定和封锁疫区。被病羊污染的场所和用具应立即进行消毒。一般用2%火碱或10%石灰水消毒。病畜的粪便和污物应通过生物热消毒（30℃以上）处理。

（五）羊布氏杆菌病

1. 症状及病原

布氏杆菌病是由布氏杆菌引起的人畜共患的一种慢性传染病。主要临床症状：母羊在妊娠末期的4~6周流产，严重时山羊群体流产可达50%~90%，绵羊可达40%。公羊表现为睾丸、关节肿胀。羊食入被感染的饲料或是舔食来自生殖道的感染物而受到感染。经常接触患羊的人最容易感染本病。

2. 防治措施

免疫接种是预防本病的有效方法之一，因此应连续数年对所有羊只进行免疫注射，直到羊群的发病率大大减少。应定期对羊群进行检疫，并将检疫为阳性反应的羊进行屠宰等处理。

布氏菌病活疫苗（S2株）使用方法。①口服法：肉羊每只用量100亿活菌。可将菌苗拌入饲料中，在喂药前后数天应停止使用含抗生素添加剂的饲料、发酵饲料或热饲料。②喷雾法：将肉羊赶到室内并关闭门窗，按每只羊20亿至50亿活菌苗用水稀释后喷雾，然后保持羊只在室内20~30分钟（孕畜不能用此法）。③注射法：肉羊按每只50亿活菌苗，皮下或肌肉注射。处理后免疫期均为3年。

（六）羊快疫

1. 症状及病原

羊快疫是由腐败梭菌经消化道感染引起的。本病以突然发病、病程短促、真胃出血有炎性损害为特征。患羊往往来不及表现临床症状即突然死亡，常见在放牧时死于牧场或早晨发现死于圈舍内。病程稍缓者，表现为不愿行走，运动失调，腹痛，腹泻，磨牙抽搐，最后衰弱昏迷，口流带血泡沫，多于数分钟或几小时内死亡，病程极为短促。

病原：腐败梭菌是革兰氏阳性的厌气大杆菌，分类上属于梭菌属。本菌在体内外均能产生芽孢，不形成荚膜，可产生多种外毒素。病羊血液或脏器涂片可见单个或2~5个菌体相连的粗大杆菌，有时呈无关节的长丝状形态，其中一些可能断为数段。这种无关节的长丝状形态，在肝被膜触片中更易发现，在诊断上具有重要意义。

2. 流行特点

发病羊多是6~8月龄、营养较好的肉羊。主要经消化道感染。腐败梭菌通常以芽孢体形式散布于自然界，特别是潮湿、低洼或沼泽地带。羊只采食污染的饲草或饮水，芽孢体随之进入消化道，但并不一定引起发病。当存在诱发因素时，特别是秋冬或早春季节气候骤变、阴雨连绵之际，羊寒冷饥饿或采食了冰冻带霜的草料时，机体抵抗力下降，腐败梭菌大量繁殖，产生外毒素，使消化道黏膜发炎、坏死并引起中毒性休克，使患羊迅速死亡。本病以散发性流行为主，发病率低而病死率高。

3. 防治措施

常发病地区，每年定期接种"羊快疫、肠毒血症、猝疽三联苗"或"羊快疫、肠毒血症、猝疽、羔羊痢疾、黑疫五联苗"。

加强饲养管理，防止严寒袭击。有霜期早晨出牧不要过早，避免采食霜冻饲草。

发病时及时隔离病羊，并将羊群转移至高燥牧地或草场，可收到减少或停止发病的效果。

本病病程短促，往往来不及治疗。病程稍拖长者，可肌注青霉素，每次80万或100万单位，每日2次，连用2~3日；内服磺胺嘧啶，每次5~6克，连服3~4次。

（七）羊肠毒血症

1. 症状及病原

羊肠毒血症又称"软肾病"或"类快疫"，是由D型魏氏梭菌在羊肠道内大量繁殖产生毒素引起，主要发生于绵羊的一种急性毒血症。本病发生突然，病羊呈腹痛、肚胀症状。患羊常离群独立、卧地不起或独自奔跑。濒死期发生肠鸣或腹泻，拉黄褐色水样稀粪。病羊全身颤抖，磨牙，头颈后仰，口鼻流沫，于昏迷中死去。体温一般不高。血、尿常规检查有血糖、尿糖升高现象。病变主要限于消化道、呼吸道和心血管系统。真胃内有未消化的饲料，小肠充血、出血，严重者整个肠段肠壁呈血红色或有溃疡。肺脏出血、水肿，肾脏软化如泥样，一般认为是一种死后的变化。体腔积液，心脏扩张，心内、外膜有出血点。

病原：魏氏梭菌又称产气荚膜杆菌，分类上属于梭菌属。本菌为厌气性粗大杆菌，革兰氏染色阳性，在动物体内可形成荚膜，芽孢位于菌体中央。本菌可产生α、β、ε等多种外毒素，依据毒素–抗毒素中和试验可将魏氏梭菌分为A、B、C、D、E等5个毒素型。

2. 流行特点

通常以2~12月龄、膘情较好的羊只为主。魏氏梭菌为土壤常在菌，也存在于污水中，通常羊只采食被芽孢污染的饲料或饮水，芽孢随之进入消化道，一般情况下并不引起发病。当饲料突然发生改变，特别是从吃干草改为采食大量谷类或青嫩多汁和富含蛋白质的草料之后，导致羊的抵抗力下降和消化功能的紊乱，D型魏氏梭菌在肠道迅速繁殖，产生大量ε原毒素，经胰蛋白酶激活成ε毒素，毒素进入血液，引起全身毒血症，发生休克而死。本病的发生常表现一定的季节性，牧区以春夏之交抢青时和秋季牧草结籽后的一段时间发病为多，一般呈散发性流行。

3. 防治措施

常发病地区,每年定期接种"羊快疫、肠毒血症、猝疽三联苗"或"羊快疫、肠毒血症、猝疽、羔羊痢疾、黑疫五联苗"。加强饲养管理,农区、牧区春夏之际少抢青、抢茬,秋季避免采食过量结籽牧草。发病时及时转移至高燥牧地草场。本病病程短促,往往来不及治疗。羊群出现病例多时,对未发病羊只可内服10%~20%石灰乳500~1000毫升进行预防。

（八）羔羊梭菌性痢疾

1. 症状及病原

羔羊梭菌性痢疾简称羔羊痢疾,是初生羔羊的一种毒血症,以剧烈腹泻和小肠发生溃疡为特征。潜伏期1~2天。病初羔羊精神委顿,食欲低下,不久即下痢,粪便恶臭,有的稠如面糊,有的稀薄如水,颜色黄绿、黄白甚至灰白,部分病羔后期粪便带血,成为血便。羔羊虚弱,卧地不起,常于1~2天内死亡。个别羔羊腹胀而不下痢,或只排少量稀便(也可能粪便带血或成血便),主要表现为神经症状,四肢瘫软,卧地不起,呼吸急促,口流白沫,最终昏迷,体温降至常温以下,多在数小时或十几小时内死亡。病理变化:尸体严重脱水,尾部污染有稀便;真胃内有未消化的乳凝块;小肠(特别是回肠)黏膜充血发红,常可见直径1~2毫米的溃疡病灶,溃疡灶周围有一充血、出血带环绕;肠系膜淋巴结肿胀充血,间或出血;心包积液,心内膜可见有出血点;肺脏常有充血区或淤斑。

病原:羔羊痢疾由B型魏氏梭菌所引起。

2. 流行特点

本病主要发生于7日龄以内的羔羊,尤以2~5日龄羔羊发病为多。羔羊生后数日,B型魏氏梭菌可通过吮乳、羊粪或饲养人员手指进入消化道,也可通过脐带或创伤感染。在不良因素的作用下,病菌在小肠大量繁殖,产生毒素(主要为β毒素)引起发病。羔羊痢疾的促发因素主要有母羊怀孕期营养不良,羔羊体质瘦弱,气候骤降,寒冷袭击,特别是大风雪后,羔羊受冻,哺乳不当,饥饱不均等极易引发本病。本病可使羔羊发生大批死亡,特别是草质差的年份或气候寒冷多变的月份,发病率和病死率均高。

3. 鉴别诊断

应与沙门氏杆菌、大肠杆菌病等类似疾病相区别。

羔羊梭菌性痢疾与沙门氏菌病的鉴别:由沙门氏菌引起的初生羔羊下痢,粪便也可夹杂有血液,剖检可见真胃和肠黏膜潮红并有出血点,从心血、肝脏、脾脏和脑可分离到沙门氏菌。

羔羊梭菌性痢疾与大肠杆菌的鉴别,由大肠杆菌引起的羔羊下痢,用魏氏梭菌免疫血清预防无效,而用大肠杆菌免疫血清则有一定的预防作用。在羔羊濒死或刚死时采集病料进行细菌学检查,分离出纯培养的致病菌株具有诊断意义。

4. 防治措施

加强饲养管理,增强孕羊体质;产羔季节注意保暖,防止羔羊受冻;合理哺乳,避免饥饱不均;产前产后或接羔过程中都要注意清洁卫生。

每年产前定期接种"羊快疫、肠毒血症、猝疽、羔羊痢疾、黑疫五联苗"。也可接种羔羊痢疾灭活疫苗，怀孕母羊分娩前20~30日皮下注射2毫升，再于分娩前10~20日第二次注苗3毫升，第二次接种后10日产生免疫力，经初乳可使羔羊获得被动免疫力。

发病时，对病羔要做到及早发现，及早治疗，仔细护理。羔羊出生后12小时，可灌服土霉素0.15~0.20克，每日1次，连服3日，有一定预防效果。治疗羔痢的方法很多，可结合当地实际，因地制宜，合理选用。

（九）羊蓝舌病

（1）蓝舌病是反刍动物的一种病毒性传染病。不分品种、年龄均容易感染，由各种库蠓传播，多发生于夏季和早秋季节。其特征是发热，口腔、鼻腔和胃肠黏膜发生溃疡性炎症。病程为6~14天，发病率为30%~40%，死亡率为2%~30%，有时可高达90%。多由于并发肺炎或胃肠炎而死亡。

（2）预防和治疗：①接种鸡胚化弱毒疫苗和牛胎肾细胞致弱的组织苗预防。对圈舍定期进行消毒，杀灭血吸虫，防止本病的传播；②注射硫酸链霉素，每千克体重0.5万~2万单位。

（3）败血康每头每次10~40毫升，分别肌肉注射，每天2次。

（十）羊传染性脓疱疮（又称口疮）

由病毒引起，主要危害羔羊。

治疗：先用0.1%的高锰酸钾溶液冲洗患部，去净痂垢，然后，涂上红霉素软膏或碘甘油，每天2次。对于不能吮乳的病羔，应加强护理，进行人工哺乳（将母羊乳挤入干净的杯内，应用消过毒的兽用注射器去针头，吸乳滴入病羔嘴内）。

（十一）羊流产

（1）用已有可控制的传染病疫苗，严格按疫苗使用说明书定期进行接种，控制由传染病引起的羊死亡和流产。

（2）采用驱虫药物，如阿维菌素、伊维菌素、丙硫咪唑等。春、秋季定期驱虫，控制和降低因羊只体内外寄生虫为害而引起的羊流产。

（3）对流产母羊及时使用抗菌消炎药品。对疑似病羊的分泌物、排泄物及被污染的土壤、场地、圈舍、用具和饲养人员衣物等进行消毒灭菌处理。

（4）加强饲养管理，避免由管理不当（如拥挤，缺水，采食毒草、冰冻饲草，饮冰水，受冷）等因素诱发的流产。

（5）驱虫后，对粪便堆积进行生物发酵。

（6）在四季加强放牧的情况下抓好夏、秋膘，特别是加强冬、春季管理。

（7）实行科学分群放牧，对产羔母羊、羔羊及公羊及时按照要求进行补饲，制定冬、春补饲标准。母羊怀孕后期补饲标准要高于怀孕前期标准。对补饲羊只做到定时、定量，不补喂霉变的饲草、饲料。

（8）圈舍要清洁卫生，阳光充足，通风良好。入冬后不再清除粪便，经羊只踩踏形成"暖炕"，春秋之交时挖粪出圈。冬、春季每天清扫圈内、卧盘上废弃草秸和掉圈毛。定期消毒棚圈，防止疫病传人。

（9）补喂常量元素（钙、磷、钠、钾等）和微量元素（铜、锰、锌、硫、硒等）。坚持自繁自养原则。对进出羊只按兽医规程检疫，避免把疫病带入带出。特别是对引进羊要隔离观察，确认无病者方可放入群内。不从疫区购买草料及其他物品。

（十二）胎衣不下

该病以母羊分娩后胎衣滞留不下为主要特征。治疗方法：缩宫素每千克体重0.6单位，皮下注射。16分钟后，用镊子夹住胎衣轻轻拉拽，胎衣即可脱下。

（十三）异食癖

病羊以食毛、塑料和啃墙等为主要特征。

治疗方法：钙片每千克体重60~100毫克（含钙量），复合维生素B每次25~50毫克，鱼肝油每千克体重60~100毫克（维生素AD含量），每天2次，连用3天。

（十四）前胃弛缓

（1）前胃弛缓是前神经肌肉的兴奋性降低、肌肉收缩力减弱、瘤胃内容物运转缓慢、菌群失调、异常发酵引起的一种消化不良综合征。其临床特征为厌食、瘤胃蠕动力减弱、反刍减少。本病主要发生于牛、羊，特别是舍饲的发病率较高，占前胃疾病的75%，严重影响牛、羊的生长发育，给养羊（牛）业带来极大的危害。

（2）预防与治疗：①加强饲养管理，注意饲料保管和饲料的多样化，不要随意更换饲料；②"促反刍液"50~100毫升，静脉注射，每天2次；③清热健胃散，羊每只每次20~50克，拌入饲料中或灌服。

（十五）尿石症

尿石症是泌尿系统各部位结石病的总称，是泌尿系统的常见病。本病是因为饮水不足、大量排汗、大量饲喂富含磷的精料和块根料而引起。

防治：①保证充足清洁的饮水；②在饲料中添加氯化铵，延缓磷、镁盐类沉积；③饲料中钙磷比为2:1；④用利尿剂乌洛托品或克尿塞助排石；⑤用青霉、链霉素防止尿路感染。

（十六）脑包虫病

脑包虫病是由多头绦虫的幼虫引起的一种寄生虫病。羊以转圈、盲目运动为其特征。一般羊向右转虫在左侧，向左转虫在右侧，头下垂虫在额区，平头行走虫在颈区，仰头行走虫在枕区，头高举且运动平衡失调时虫在小脑。若虫在羊腰部脊髓时，常后躯麻痹。

（1）预防：护羊犬或家犬要每3个月驱虫一次，粪便堆积消毒灭虫。死于该病的羊头要深埋或烧毁，防止犬食。

（2）治疗：根治要及时确诊部位，及早进行手术治疗。治疗时，最好确诊其感染部位后，再局部切开取出虫体。另外，采用脑虫净药物治疗。

第五章 养殖业生产应用技术

第一节 规模化养殖基地规划布局

现代养殖的基本要求：人畜分离，钢架铁皮或砖瓦结构，雨污分流，实行干清粪，少冲水，匹配与养殖量相适应的粪污无害化处理设施设备，做到防雨、防溢、防渗，确保粪污不外流。

（一）牛舍建筑标准

（1）普通牛舍建设标准：使用钢架铁皮或砖瓦结构，建筑面积为200平方米以上，栏舍高度为260~300厘米，其中，滴水高度220~250厘米。地面硬化，用砖或钢材做围栏，围墙高120厘米。做好圈外屋檐排水沟，雨污分流，实行干清粪，配套与养殖量相适应的储粪房、储液池。

（2）牛标准化暖棚圈舍：对头双列式。栏舍总高度4.5米，总跨度24米，其中，中间饲料通道4米，两侧栏舍均为宽10米，长12米，每个栏120平方米，关养10头育成牛。滴水两侧各建一条雨水渠道。采用微生物发酵垫料，用锯木屑等添加专用微生物搅拌后铺于各栏地面5~10厘米厚，每3~6个月更换垫料一次。

（二）标准化羊舍建设

1. 羊舍建造原则

（1）羊舍高度。根据饲养地区气候和经营习惯而定。季节温差相对小的暖和地区舍墙高度应为2.8~3.0米，寒冷地区墙高为2.4~2.6米。畜群越大羊舍相对要高，以扩大空间，保证足量的空气流通。

（2）舍顶。根据羊只耐寒的特性，视各地气候和经济条件等因素决定。较暖的地区除作冬舍外，夏季兼作凉棚的可稍简陋些，可用木头和泥建顶；寒冷地区有条件的可用瓦封顶，封闭严实些。

（3）门窗。羊入舍时经常拥挤，最好用双扇门。门宽2.2~2.3米，高1.8米。根据羊舍长度和羊群数量多少设置门的数量，一般长形羊舍不少于2个门。门槛应与舍内地面等高，舍内地面应高于舍外运动场地面，以防止雨水倒流。

窗户面积根据各地气候条件设置，一般窗户面积与羊舍地面面积的比例为1:15，高度为

0.5~1.0米，宽度为1.0~1.2米。视羊的用途和不同生理阶段酌情放大或缩小。种公羊和成年母羊舍窗户可适当大些，产羔室或育成羊舍窗户应小些。

（4）墙壁。根据经济条件决定用料，砖木结构或土木结构均可。潮湿和多雨地区，可采用墙基和边角用石头、砖垒一定高度，上边用土坯或打土墙建成。木头紧缺地区，也可用砖建拱顶羊舍，既经济又实用。

（5）地面。采用黏土或沙土地面，易于除粪或换垫土，但要求平整干燥。

2. 羊舍的种类

羊舍的种类分为长方形封闭式、半敞棚式、敞篷式、简易式、楼式等多种。长方形封闭式羊舍，适于北方寒冷地区用，舍前设2~3倍于羊舍建筑面积的运动场。半敞篷式羊舍，适于北方较暖和的地区用。三面建围墙，向阳的一面垒半高墙，舍前面设2~3倍于舍建筑面积的运动场兼作补饲场。敞棚羊舍，适用于气候暖和地区使用。舍三面围墙，向阳面用木立柱或砖垒柱支撑，前面设运动场。简易羊舍，适于气候不十分恶劣的温暖地区使用。三面用板坯或木条围起，向阳的一面用立柱支撑棚顶。随着养羊业的发展，现在开发出经济适用、造价低廉的农膜暖棚式羊舍。这种塑料暖棚羊舍是以原有的敞棚羊舍为基础，即在三面围墙的前房檐前2~3米处筑一高1.0~1.2米的矮墙，墙的中部留宽约2米的门，矮墙顶至房檐间用板条或木杆搭成斜坡状固定好，上盖塑料膜，上下边密封固定好即可。这种羊舍的特点是冬春季节充分利用白天太阳能的积蓄来提高舍内温度。到冬季最冷时，包括畜体自身散发的热量，舍内温度可达到5~10℃，基本能保证羊舍冬春生产活动的需要。

建塑料棚舍时的注意事项：①在棚两端的封闭处应设防水设施。地面应勤换垫土，避免舍内潮湿，因为湿度大易引起各种疾病流行；②塑料棚舍应设通气孔，即在原简易暖棚的两侧距地面1.5米高处各留一可开关的通气窗，棚顶亦留2个1米见方的可开关的气窗，以排除蓄积的水蒸气；③放牧前要提前打开通气窗，逐渐使内外温度达到平衡再出舍，防止因温差过大使羊只感冒；④每日放牧时尽量使舍内通风散湿，当下午天气变冷时关闭通风窗，以提高舍内温度，迎接羊只入舍。

3. 羊只占地面积

羊应该有足够的活动场地，羊只不感到拥挤，可以自由活动。每只羊的占地面积，因羊种、生产方向、性别、生理状况和气候条件等不同，要求也不一样，进行羊舍建造时参考以下标准：种公羊1.5~2.0平方米/只，母羊0.8~1.0平方米/只，冬季产羔母羊2.0~2.3平方米/只，春季产羔母羊1.0~1.2平方米/只，幼龄公、母羊0.5~0.6平方米/只。

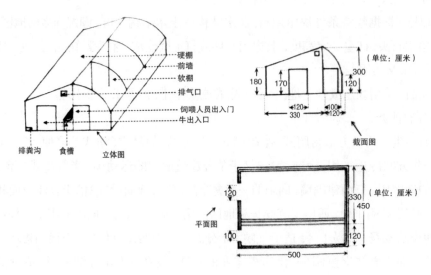

图5-1　牛标准化暖棚圈舍示意图

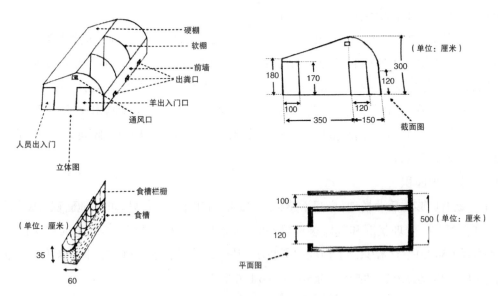

图5-2　羊标准化暖棚圈舍示意图

第二节　青绿饲料种植技术

（一）禾本科牧草种植技术

常见的禾本科牧草有无芒燕麦草、黑麦草、象草、披碱草等。

1. 无芒燕麦草

为高产优质的多年生禾本科牧草。一般可以连续利用6年，在管理水平高时，可维持10年以上的稳定高产。营养价值很高，茎秆光滑，叶片无毛，草质柔软，适口性好，一年四季为各种家畜喜食，是一种放牧和打草兼用的优良牧草。适时刈割营养价值接近豆科牧草，即使收割稍迟，质地并不粗老。经霜后，叶色变紫，但口味仍佳。可青饲，制成干草和青贮。

无芒燕麦播种：以早春（5月上旬）播为好，将秋播地耙平，播种深度3~4厘米，镇压蓄墒。收草以条播为宜，行距30~45厘米，播量每亩1.5~2千克。与苜蓿混播时，无芒燕麦播量每亩为0.5~1千克，苜蓿播量每亩为0.5~0.75千克。属丰产刈草型，对水肥敏感，有一定耐旱能力，年灌水5~7次，产草量高。

无芒燕麦草苗期的中耕除草：苗期生长速度缓慢，易受杂草抑制，所以苗期的除草是主要的田间管理措施。该品种返青早，注意灌好春水。拔节前注意中耕，翻切行间草根，增加土壤透气性。孕穗期灌好扬花水，盛花期注意灌好灌浆水，并注意人工辅助授粉。该品种不宜连作，应与其他作物倒茬轮作，防止病虫害的发生。

无芒燕麦刈割：调制干草是无芒燕麦的基本利用方式。在抽穗至开花期，选择晴朗天气，贴地刈割。割下就地摊成薄层晾晒，有3~4天就能干好。也可用木架或铁丝架等搭架晾晒。一般每50千克鲜草，可晒得28~30千克干草。干后叶片不内卷，颜色深暗，但草质柔软，不易散碎，是家畜的优良储备料草。

无芒燕麦地也可以作为放牧地，可在株高30~40厘米时第一次放牧，隔40天左右第二次放牧。第一次刈割之后，再生草低矮，不宜刈割时，也可在晚秋停止生长时进行茬地放牧。

2. 羊草

多年生草本植物，秆成疏丛，叶鞘光滑，叶片厚而硬，扁平，干后向内卷，是一种产量高、营养丰富的禾本科牧草。这种草耐践踏，耐放牧，绵羊、山羊特别爱吃。羊草抗寒、抗旱、耐盐碱、耐土壤瘠薄，适应范围很广。多生于开阔平原、起伏的低山丘陵、河滩及盐碱地。在冬季可安全越冬，在年降水量250毫米的地区生长良好。

羊草种植方法包括以下几方面。

选地与整地：羊草除低洼易涝地不适合种植外，一般土壤均可种植。羊草种子小，顶土能力弱，发芽时需水较多，必须创造良好的发芽出苗条件。种植羊草的土地头年秋翻耙耢，第二

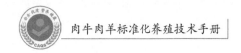

年播种前还需耙耢,有灌溉条件可以春播。

播种量与播种方式:通常每亩播种量为3~4千克,采用条播,行距为15~45厘米,覆土厚度为2~4厘米,播后要及时镇压。

田间管理:羊草幼苗细弱,生长缓慢,出苗后10~15天才发生永久根,30天左右开始分蘖,产生根茎。幼苗期生长十分缓慢,易受杂草覆盖和干旱影响,造成幼苗死亡,因此苗期要及时除杂草。一般用人工除草,大面积栽培时可用化学除草剂消灭杂草,播种两年以上的羊草地,每年要铲地或拔一次大草。羊草是多年生根茎性禾草,其根茎发达,主要分布在5~10厘米的土层内,随着生长年限的延长,根茎纵横交错,形成坚硬草皮,通气性变差,生长衰弱,致使羊草产量下降。因此,当羊草草地利用5~6年以后,应采用圆盘耙或缺口重耙将根茎切断,以促进羊草无性繁殖,增加土壤通透性,保持羊草地的持续高产。

羊草收获:羊草主要供割草或放牧用。割草时间的早晚不仅影响干草的产量和品质,也影响草群组成的变化。刈割过早易使根茎中营养物质积累和新芽形成,促使杂草大量侵入,影响第二年羊草生长和产量;刈割过晚,干草品质和营养价值下降。一般以8月下旬到9月中旬为宜,留茬5~8厘米。收割时应选择晴朗天气进行,刈割后晾晒一天即可用机械搂成草条,使之慢慢阴干,然后将草条集成大堆,使其含水量降至15%左右便可收贮。

羊草应用主要有以下两方面。

放牧:4月中旬株高30厘米左右开始放牧,到6月上中旬抽穗后,质地粗硬,适口性降低,应停止放牧。要划区轮牧,严防锅中放牧。每次放牧只吃去总产量的1/3左右即可,也可在冬季利用枯草放牧羊。

调制干草:以在孕穗至开花初期,根部养分蓄积量较多的时期刈割。割后晾晒,一天后,先堆成疏松的小堆,使之慢慢阴干,待含水量降至16%左右,即可集成大堆,准备运回贮藏。切短喂或整喂效果均好,羊草干草也可制成草粉或草颗粒、草块、草砖、草饼,供做商品饲草。

(二)豆科牧草种植技术

常见的豆科牧草有苜蓿、草木樨、紫云英、沙打旺、三叶草等。

1. 紫花苜蓿

紫花苜蓿是世界著名的优良牧草之一,也是我国栽培面积最大的一种牧草,有"牧草之王"的美称。它不仅产草量高,草质优良,而且富含粗蛋白、维生素和无机盐,为羊所喜食,饲用价值很高。同时,由于苜蓿根系根瘤发达,能够固定空气中的氮素,所以又是一种很好的水土保持改土培肥地力植物。

播种时间:一年四季均可播种,但早播扎根深、抗旱,第二年返青早;晚播扎根浅,不利越冬。一般以春播(5月初)为佳,夏季应雨后抢墒播种。

播种方法:有撒播、条播、混播、间播几种方法。一般条播深度一致,出苗整齐,便于田间管理。紫花苜蓿撒播时,每亩1千克籽种。条播行距为30~40厘米,播深为1~2厘米,每亩播种量为1~1.5千克。最好与根瘤菌拌种后播种,苜蓿播种覆土深度不能超过3厘米,播后应轻耙或轻耱一遍。

管理：对当年播种的苜蓿，苗期要及时除草1~2次。在早春土壤解冻后，苜蓿开始萌生之前进行耙地，既可保墒，提高地温，促进返青，又可以消灭早期萌芽的杂草。每次刈割之后，由于地面裸露，土壤水分蒸发强烈，应进行耙地保墒，也可以结合耙地进行追肥。干旱季节和刈割后浇水对提高产草量效果非常显著。

刈割：紫花苜蓿每年可刈割3~4次，一般亩产干草600~800千克，高者可达1000千克。通常4~5千克鲜草晒制1千克干草。刈割时间一般为从现蕾到初花期，10%左右茎枝开第一朵花时刈割第一茬鲜草，质较嫩，营养价值较高。过早刈割时产量低，迟割则茎木质化增加，且易掉叶。最后一茬宜在当地重霜前约1个月刈割。每次要留茬3~5厘米，以免刈割根茎，每年最后一次割草时，要留茬8~10厘米。

2. 草木樨

草木樨俗称野苜蓿，为豆科草本直立型一年生和两年生植物。草木樨的耐旱能力很强，当土壤含水率为9%时即可发芽，耐寒、耐瘠性也强，也有一定的耐盐能力，对土壤要求不高，是一种良好的蛋白饲料。

播种时间：春播宜在5月初进行。

播种方法：地面要平整，土块要细碎，才能保证出苗快，出苗齐。草木樨种子细小，应浅播，以1.5~2厘米为宜。可条播、穴播和撒播。条播行距：以20~30厘米为宜，穴播以株行距26厘米为宜。条播每亩播种量为0.75千克，穴播为0.5千克，撒播为1千克。为了播种均匀，可用4~5倍于种子的沙土与种子拌匀后播种。

田间管理：苗期要及时除杂草，在苗高13~17厘米时，结合中耕除草和追肥进行匀苗。

收割：草木樨开花前收割，此时茎叶幼嫩柔软，可青饲、青贮，又可晒制干草，制成草粉。

（三）青贮种植技术

青贮玉米与普通籽实玉米不同，主要区别：①青贮玉米植株高大，一般为2.5~3.5米，最高可达4米，以生产鲜秸秆为主，而籽实玉米以生产玉米籽实为主。②收获期不同：青贮玉米的最佳收获期为籽粒的乳熟末期至蜡熟前期，此时产量最高，营养价值也最好；而籽实玉米除用于饲料外，还是重要的粮食和工业原料。一般在中等地力条件下，专用青贮玉米品种亩产鲜秸秆可达4.5~6.3吨。

栽培技术包含以下几个方面：

选地与整地：方法与普通籽实玉米相同，土质肥沃疏松，有机质含量丰富的地块有利于获得高产。

播种期：与大田作物播种期相同，一般为5月上旬播种。

播种量：合理密植有利于高产。若采用精良点播机播种，播种量每亩为2~2.5千克；若采用人工播种，播种量每亩为2.5~3.5千克。一般青贮玉米的亩保苗数为5000~6000株。

播种方法：采用大垄条播，施行垄作，行距60厘米，株距15~20厘米，单条播或双条播都可，但双条播可获得较高产量。

混播：青贮玉米与秣食豆混播是一项重要的增产措施，同时可以大大提高青贮玉米的品质。以玉米为主作物，在株间混种秣食豆。秣食豆是豆科作物，根系有固氮功能，并且耐阴，可与玉米互相补充合理利用地上地下资源，从而提高产量，改善营养价值。混播量：青贮玉米1.5~2.0千克，秣食豆2.0~2.5千克。

田间管理：与大田作物管理方法相同，需要进行除草、间苗、施肥及中耕等。施肥量为每亩10~15千克。

收获时期：青贮玉米的最适收割期为玉米籽实的乳熟末期至蜡熟前期，此时收获可获得产量和营养价值的最佳值。收获时应选择晴好天气，避开雨季收获，以免因雨水过多而影响青贮饲料品质。青贮玉米一旦收割，应在尽量短的时间内完成青贮，不可拖延时间过长，避免因降雨或本身发酵而造成损失。在收获时一定要保证青贮玉米有一定的含水量，正常情况下要求青贮玉米的含水量为65%~75%。如果青贮玉米秸秆在收获时含水量过高，应在切短之前进行适当的晾晒，晾晒1~2天后再切短，装填入窖。水分过低不利于青贮料在窖内压紧压实，容易造成青贮料的霉变，因此选择适宜的收割时期非常重要。

第三节　粗饲料的加工与调制

（一）青贮

青贮就是在适宜的条件下，通过厌氧发酵和乳酸菌大量繁殖，产生酸性环境，抑制各种微生物的繁衍，从而达到保存饲料和改善饲料营养的目的。制作青贮饲料的工序包括：收割→切碎→加入添加剂→装填与压实→密封等过程。

1. 适期收割

青贮饲料应适时收割，青贮玉米的最适收割期为玉米籽实的乳熟末期至蜡熟前期；豆科牧草一般在现蕾至开花始期刈割青贮；禾本科牧草一般在孕穗至刚抽穗时刈割青贮；幼嫩牧草或杂草收割后可晾晒1~2小时后青贮，或与玉米秸等混贮。这时青饲料中不但水分和碳水化合物含量适当，而且能获得最高的产量和营养利用率。

2. 切碎

将青贮原料切碎的好处：一是利于原料中糖分的渗出，使原料的表面湿润，有利于乳酸菌的迅速生长和发育；二是便于压实，可排出原料缝隙间的空气，为乳酸菌创造厌氧环境，抑制植物细胞与好气微生物的呼吸作用，防止青贮饲料温度升高，造成养分的分解、维生素的破坏和消化率的降低。此外，也可防止有害微生物活动时间长，造成青贮饲料变质。切碎的长度由原料的粗细、软硬程度、含水量来决定。细茎牧草如禾本科、豆科牧草，一般切成3~4厘米长的小段,而粗茎或粗硬的牧草或饲用植物与玉米秸秆、向日葵花盘等,要切成0.5~2厘米长的小段。一些柔软的幼嫩牧草可直接进行青贮。

3. 加入添加剂

(1)加微量元素青贮。为提高青贮饲料的营养价值,可在每吨青贮原料中添加硫酸铜0.5克、硫酸锰5克、硫酸锌2克、氯化钴1克、碘化钾0.1克、硫酸钠0.5千克。把这几种微量元素充分混合溶于水中后,均匀喷洒在原料上密闭青贮即可。

(2)添加乳酸菌青贮。接种乳酸菌能促使乳酸发酵,增加乳酸含量,以保持青贮饲料的质量。目前使用的菌种主要是德式乳酸杆菌,一般添加量为每吨青贮原料加乳酸菌培养物0.5升或者是乳酸菌剂450克,添加时应注意与饲料混合均匀。

(3)添加甲醛(又名福尔马林)青贮。可以有效地抑制杂菌,防止青贮饲料在青贮过程中的霉变。一般每吨青贮饲料添加浓度为85%的甲醛3~5千克,能保证青贮过程中无腐败菌活动,从而使饲料中的干物质损失减少50%以上,而饲料的消化率则能提高20%。

4. 加酸青贮

加入适量的酸进行青贮,可补充发酵产生的酸度,进一步抑制腐败菌和霉菌的生长。常用的添加物为甲酸,每吨禾本科牧草加3千克,每吨豆科牧草加5千克,但玉米茎秆一般不用加甲酸。使用甲酸时应注意不要与皮肤接触以免被灼伤。

5. 装填与压实

制作青贮时应边切碎边装贮,而且应装一层后就压实一层。尤其要注意壕或窖的四角或周边,青贮饲料装填得越紧实,则空气排得越彻底,制作的青贮质量就越好。装填时注意调节青贮饲料的含水量,青贮饲料含水量一般以65%~70%为宜。含水量测定法:①用双手拧整株玉米秆,若玉米秆有汁液渗出,表示其含水量在70%左右,做青贮合适;②玉米秆若有较多的汁液渗出,说明其含水量较高,应晾晒半天或一天以后再做青贮;③玉米秆若无渗出汁液,说明其含水量不够,青贮时应适当加些水。

6. 密封

青贮料装填完后,应立即严密封埋。一般要求青贮料装至高出壕或窖口1米左右,再用塑料薄膜盖严,然后覆盖上土(土层厚30~50厘米),顶呈屋脊形以利排水。在整个青贮过程中要做到不进气,不通水。经过20~30天后,上面盖的土层下沉,可能土层会出现裂缝,因此需经常检查顶土层有无低洼或裂缝。为防止漏气和进水,需要及时给以填平,封严。在青贮壕或者青贮窖的四周1米处挖沟排水,以防雨水渗入。

7. 鉴定

用感官鉴定法,即一看、二嗅、三手摸。一看青贮饲料的颜色以越近似原料颜色越好。品质优良的青贮饲料呈绿色或黄绿色,中等质量的呈黄褐色或暗绿色,低劣的呈褐色或黑色。二嗅青贮饲料的味道。品质优良的青贮饲料有芳香味,同时还有较浓的酸味,给人愉快的香酸感觉;中等品质的青贮料酸味中等或较好,稍有酒味和酪酸味;品质低劣的青贮料由于发霉腐败, 具有恶臭味。三摸青贮饲料的质地。良好的青贮饲料, 在窖中压得非常紧密, 但拿到手中又很松散, 质柔软略湿润, 茎叶仍保持原状。若茎叶粘成一团或烂如污泥, 或是质地干燥、粗硬, 即表示水分过多或过少, 品质不良。

8. 使用

取青贮饲喂羊时, 应以"暴露面最少以及尽量少搅动"为原则。从青贮窖的一端开始, 逐段取用。每次取出的量, 应以当天用完为度。取完料后, 要用塑料薄膜将窖封严。

(二) 半干青贮

也称作低水分青贮, 具有干草和青贮料两者的优点, 把青贮原料晾晒至半干, 水分含量为45%~55%时, 铡碎密闭青贮。这种半干青贮饲料的干物质含量比一般青贮饲料高出一倍左右, 且营养丰富, 酸味低, 气味芳香, 适口性好, 比青干草和一般的青贮饲料更能提高羊的食欲。

(三) 氨化

秸秆氨化处理是世界公认的秸秆加工有效方法。用尿酸等对秸秆进行氨化处理, 可使秸秆中的纤维素和半纤维素与木质素分离, 引起细胞壁膨胀, 结构疏松而易于消化。氨与秸秆中的有机物形成铵盐, 铵盐则成为羊瘤胃内微生物的氮源。获得氮源后, 一方面, 瘤胃微生物活力将大大提高, 对饲料的消化作用也增强。另一方面, 氨溶于水形成氢氧化铵, 对粗饲料有碱化作用。因此, 氨化处理可通过碱化和氨化的双重作用提高秸秆的营养价值。秸秆通过尿素氨化处理90天可显著提高秸秆的粗蛋白含量, 降低中性洗涤纤维含量和酸性洗涤纤维含量, 提高秸秆干物质消化率。

1. 制作

氨化饲料是在秸秆中投入适量尿素或氨水, 使之改善质地和提高营养的一种先进加工技术。一般将2~3千克尿素溶于40~50千克水中, 撒拌秸秆100千克, 并拌少许食盐(0.5千克左右)。用塑料袋、缸、池或堆垛等方式进行密封, 经过一定时间(一般夏季1~2周, 春秋季3~4周, 冬季5~6周), 待氨化过程完成后, 即可启封喂用。秸秆经氨化处理后, 质地变软并有糊香味, 可提高消化率10%~15%, 增加含氮量一倍以上, 还可杀灭病菌, 使秸秆长期封存, 不遭霉菌破坏。

2. 质量鉴定

氨化饲料质量的好坏主要通过感观鉴定。氨化好的饲料为棕黄色, 有糊香味, 氨味也较重, 手摸质地柔软。氨化不成熟的饲料颜色跟普通秸秆一样, 没有香味, 氨味较淡, 质地没有明显变化。陈旧的氨化饲料色泽变暗, 氨味变淡。如果塑料袋漏气, 秸秆就会发霉, 颜色变白、变灰甚至发黑结块并伴有腐烂味, 这样的饲料千万不要喂家畜。

3. 使用

氨化饲料不开封可长期保存。饲喂前要揭开塑料薄膜通风约24小时, 以散氨后的氨化饲料略有氨味而不刺激人眼、鼻为最佳, 但不要晾得过干, 以免影响氨化饲料的饲喂效果。取料时要从窖的一角开始，从上而下逐段使用，如表面一层变黑，应弃之不用。每次取出量应以当天能喂完为宜，取完后立即封口。开始喂时，让牛、羊有一个适应过程，逐步增加饲喂量。氨化饲料只能作为成年反刍家畜的饲料，未断奶的羔羊因瘤胃内的微生物生态系统尚未完全形成，须慎用。氨化饲料的用量以占饲草量的40%~60%为宜。

4. 注意事项

氨化饲料饲喂不当易发生氨中毒，当发现羊有反刍减少或停止，唾液分泌过多，不安，发抖，步态不稳等症状，要立即停喂，并将其拴在室外通风阴凉处。同时灌服1千克食醋、0.5千克糖和3~5千克水，即可缓解氨中毒症状。

由于氨化秸秆的能量和非蛋白氨提高，饲喂氨化饲料时要适当搭配豆饼、棉籽饼、酒糟等非降解蛋白质（过瘤胃蛋白）饲料，并适当补喂富含维生素和矿物质的饲料，以保证畜体的代谢平衡。

（四）糖化

用秸秆育肥羊时，最好制作成糖化饲料再饲喂，可增加营养，羊也爱吃。制作糖化饲料需要秸秆粉、曲种、玉米面等原料。秸秆最好是含糖量最高的玉米秸、杂交高粱秸。首先，用粉碎机将秸秆粉碎成粗粉（选用0.5~0.8厘米的筛片）备用。其次，准备好曲种，可用饲料酵母或啤酒酵母作发酵菌种。第三，将细玉米面在盆中发酵备用。上述三种原料备齐后，就可以制作糖化饲料了。

制作过程：将发酵好的玉米面加水稀释为粥状，再按比例加入酵母菌种、水和秸秆粉。秸秆粉和菌种、玉米面、水的比例分别为10∶0.3∶1∶20，即10千克干燥的秸秆粉首次发酵要用0.3千克酵母菌种、1千克玉米面、20千克水。将上述原料拌匀后入缸或塑料袋内密封发酵，一般冬季需要5~7天，其他季节1~3天即可完成发酵。发酵好的糖化饲料颜色微黄，味道醇香，可直接饲喂育肥羊。继代发酵时，将原来发酵好的糖化饲料作"引子"，仍按上述方法配制就可以了。继代发酵时可不添加酵母菌，玉米面也不用提前发酵，"引子"的用量占总量的1/15~1/10。这样可以连续发酵10~15次。当发酵饲料品质有所降低时，可再加入酵母菌直接发酵，也可在每次继代发酵时加入适量酵母菌种。

第四节　全价饲料的配制

全价饲料就是把本地区常用的干草、秸秆、青贮饲料、各种精饲料以及矿物质、维生素等按照营养搭配均匀，能全面满足羊只各阶段生长、发育、繁殖等营养需要。全价饲料主要包括能量饲料、蛋白质饲料和矿物质等营养物质。

（一）全价饲料的优点

1.营养全面,饲养效果好

搭配合理的全价饲料能加速羊的生长发育,节省饲料,降低成本。

2.能充分利用本地区粗饲料

能经济合理地利用本地区饲料资源,降低饲养成本。

（二）全价饲料配制依据与原则

1.满足营养需要

羊的全价饲料配方要以饲养标准及饲料营养价值为依据,并结合生产实际和养羊经验做必要的调整。应用全价饲料时应当优先满足能量和蛋白质的要求,其他营养如钙、磷、维生素、矿物质等只需添加少量富含这种营养的饲料,就能达到平衡。

2.选择适当的饲料原料

饲料原料应当以当地资源为主,充分利用工农业副产品,以降低饲料成本。

3.饲料原料的多样化

单一饲料所含养分的种类、数量和比例不能满足羊的营养需要。因此,配方组成不要过分单调,应多种饲料搭配,做到营养互补,提高配合饲料的全价性和饲养效果。

4.合理确定饲料比例

在肉羊日粮中除满足能量和蛋白质需要外,还应保证供给15%~20%的粗纤维,这对羊的健康是必要的。粗饲料干物质的采食量占体重的2%~3%,粗饲料干物质中的一半左右为干草或秸秆,其余为青草或青贮饲料。

5.饲料种类保持相对稳定

如果日粮突然发生变化,瘤胃微生物不适应,会影响消化功能,严重的会导致消化道疾病。如需改变饲料种类,应逐渐改变,使瘤胃微生物有一个适应过程。

6.全价饲料的配制方法

全价饲料的配制是根据饲养标准和饲料营养成分价值,选用若干饲料,按一定比例互相搭配而成,能完全满足肉羊生活和生产需要的日粮。

饲喂全价饲料是牛、羊正常生长和快速增重的保障。一般日粮中所用饲料种类越多,选用的营养指标越多,计算过程越复杂,有时甚至难以用手算完成日粮配制。在现代畜牧业生产中,借助计算机,通过线性规划原理,可方便快捷地求出营养全面且成本低廉的最优日粮配方。

全价饲料配制的过程:

第一步,确定每日每只牛/羊的营养需要量。根据牛/羊群的平均体重、生理状况及外界环境等因素确定每日每只牛/羊的营养需要量。

第二步,确定各类粗饲料的喂量。根据当地粗饲料的来源、品质及价格,最大限度地选用粗饲料。一般粗饲料的干物质采食量占体重的2%~3%,其中,青绿饲料和青贮饲料可按3千克折合1千克青干草和干秸秆计算。

第三步,计算应由精料提供的养分量。牛/羊每日的总营养需要与粗饲料所提供的养分之差,即是需精料部分提供的养分量。

第四步,确定混合精料的配方和数量。

第五步,确定日粮配方,在完成粗饲料所提供养分及数量后,将所有饲料提供的各种养分进行总和。如果实际提供量与其需要量的差在范围内,说明配方合理;如果超出此范围,应适当调整个别精料的用量,以便充分满足各种牛/羊养分需要而又不致造成浪费。

全价饲料的配制方法:农牧户牛/羊因饲料不是很固定,在实际生产过程中不可能全年用同一种饲料配方进行培养,因此需要经常更换饲料配方,用比较繁琐的计算方法不适应,同时繁琐的配方计算方法掌握起来也很困难,因此在生产实际当中可用试差法进行手工计算。试差法的计算步骤包括如下几个方面。

第一步:确定牛/羊的平均体重和日平均增重水平,作为日粮配方的基本依据。

第二步:计算出每千克饲粮的养分含量。用牛/羊的营养需要量除牛/羊的采食量即为每千克饲粮的养分含量(%),比如粗蛋白质含量为15%,能量8.2兆焦/千克,钙0.8%,磷0.4%。

第三步:确定拟用的饲料,列出选用饲料的营养成分和营养价值表,以便选用计算。

第四步:以日粮中能量和蛋白质含量为主,留出矿物质和添加剂的份额,一般为2%~3%,适配出初步混合饲料。

第五步:在保持初配混合料能量浓度和蛋白质含量基本不变的前提下,调整饲料原料的用量,以降低日粮成本,并保持能量和蛋白质这两项基本营养指标符合需要。

第六步:在能量和蛋白质含量以及饲料搭配基本符合要求的基础上,调整补充钙、磷和食盐以及添加剂等其他指标。

第五节　消毒与防护

动物传染病的发生与传播由传染源、传播途径、易感动物三个环节组成,切断任何一个环节,传染病就不会流行蔓延,这其中尤为重要的就是消灭传染源和切断传播途径。

（一）消毒药品的选择

根据消毒目的不同,选择适合的消毒药品,使用低毒、环保、经济、有效的消毒药品。目前市场主要的消毒剂品种及其用法介绍如下。

含氯消毒剂:此类药物对细菌、病毒及真菌都有杀灭作用。①次氯酸钠:一般为含有效氯10%左右的浅黄色液体,可用0.2%~0.3%浓度做畜舍内喷雾或喷洒消毒。如万福金安、84消毒液等一般使用浓度为1∶100。②二氯异氰尿酸钠:常用此品种的合成品,如消毒威、消特灵、消毒王等药物，一般使用浓度为1∶（500~1000）。

过氧化物类消毒剂：①过氧乙酸。对细菌、病毒都有良好的杀灭作用，一般使用浓度为0.2%，做喷雾或喷洒消毒。此产品多为A、B两种瓶装液体，使用前必须将A、B瓶液体混合作用12~24小时再用。②二氧化氯。常用蓝光、杀灭王等药物，其刺激性、毒性都比较低，一般使用1∶（200~400）的浓度喷雾或喷洒消毒。

醛类消毒剂：常用的是含甲醛37%~40%的福尔马林，多用于空的畜禽圈舍熏蒸消毒，也可用4%~10%喷洒消毒。熏蒸消毒一般用高锰酸钾作催化剂产热蒸发甲醛气体达到消毒目的，二者配制比例为1∶2，即每平方米空间需高锰酸钾7克，福尔马林14毫升。消毒时应密闭畜禽舍24小时以上。

醇类消毒剂：常用的主要是乙醇即酒精。一般使用浓度为65%~75%的酒精做消毒用，其对病毒作用较小。

季铵盐类消毒剂：此类药物对细菌有良好杀灭作用，对一些病毒作用很小。双链季铵盐类常用的有百毒杀、1210、1214等，使用浓度为1∶（1000~2000），用于喷雾、喷洒消毒（原液浓度应为50%）。

酚类消毒剂：可杀死细菌和病毒，其杀菌力不强，产生消毒效力缓慢。常用复合酚类消毒剂，如菌毒敌、菌毒灭等，其使用浓度一般为1∶（100~200）。

强碱类：此类药物不易做喷雾消毒用。①火碱（NaOH）：该产品多用于消毒池和环境喷洒消毒用，药物的原含量应不低于98%，使用浓度一般为2%；②生石灰（CaO）：该产品多用于环境消毒，必须用水稀释成20%的石灰乳[$Ca(OH)_2$]后使用才能发挥消毒效能。

弱酸类：灭毒净（柠檬酸类），可用于汩水和用具等的消毒，使用浓度一般为1∶（500~800）。

碘制剂：此类药物具有广谱杀菌作用，且作用迅速，可杀灭各类细菌与病毒，但药效作用时间较短。常用碘制剂有PV碘、威力碘等。

杂环类气体消毒剂：常用环氧乙烷做气体熏蒸消毒。该消毒剂使用时易发生爆炸，且对人有毒性，需注意安全。

消毒要求：非硬化地面，土地浸透不少于3厘米；硬化地面可连续多次消毒，地面要完全浸湿，确保消毒效果。

（二）防护

由于细菌、病毒的变异，新病毒的不断增多及人畜共患病的增加，提高个人防护意识事关重大，广大养殖户在今后养殖工作中要认真对待及做好个人卫生防护。

（1）个人防护：穿防护服、防护靴、戴橡胶手套、口罩、防护眼镜（免疫、冲圈、打针时），夏季注意暴露部位防护，主要是眼结膜及伤口的保护，皮肤沾到污物或药物要迅速用清水冲洗。例如：不允许徒手接羔，应戴好手套等防护设备，同时勤洗手。

（2）动物保定：保定就是固定好畜禽，不让其乱动，方便注射、免疫，避免动物乱动针头伤到人及药物溢出溅到人身上。首先做好个人安全防护,最主要的是使用动物保定栏等专业工具对动物进行保定。

(3)特殊药物:有些药物对一些人是敏感的,切记孕妇勿操作使用氯前列醇钠,容易引起流产;青霉素、头孢类有过敏史者勿操作使用,避免出现过敏反应。

(4)认真对待:一旦药物、疫苗等接触到黏膜或入眼内立即用纯净水或流动清水冲洗,如注射到手部或其他部位迅速挤出、吸出药物,并第一时间就医,让医生处理。

第六节 牲畜改良技术

(一)诱导发情

1. 概念

诱导发情是指采取措施对因生理和病理原因造成乏情的母畜进行处理(主要是激素处理),使之发情、排卵的技术。

2. 意义

采用诱导发情技术可以缩短乏情母畜的繁殖周期,增加胎次,提高繁殖率。

3. 诱导发情的机理

(1)对于生理性乏情的母畜(如羊、马季节性乏情,牛产后长期乏情,母猪断奶后长期不发情,营养水平低而乏情等),其卵巢处于静止或活动状态处于低水平,垂体不能分泌足够的促性腺激素以促进卵泡的最终发育成熟及排卵,这种情况下,只要增加体内促性腺激素即可。

(2)对于一些因病理原因导致乏情的母畜(如持久黄体、卵巢萎缩等),应先将造成乏情的病理原因查出并给予治疗,然后用促性腺激素处理,使之恢复繁殖机能。

4. 生殖激素处理法

(1)羊。在非发情季节,对乏情期母羊用孕激素处理6~9天,在停药前48小时按每千克体重注射PMSG 15国际单位,母羊同期发情率可达95%以上,第一情期受胎率为70%左右,用FSH和氯地酚也可促使母羊发情排卵。产后1个月以上泌乳母山羊,在其耳背皮下埋植60毫克18-甲基炔诺酮药管维持9天。取除药管前48小时,按每千克体重肌注PMSG 15国际单位。与此同时,再注射溴隐

图5-3 肉牛诱导发情技术

亭2毫克,共注射2次,每次间隔12小时。当母羊发情时每只再静脉注射LRH 10微克后给予配种。利用这种方法可使诱导发情率达90%以上。

(2)牛。可从产后2周开始,采用孕激素处理10天左右,再注射PMSG1000国际单位,即可诱导发情。或者采用牛初乳20毫升,同时注射新斯的明10毫克,在发情配种时再肌注LH100微克,可诱发80%~90%的母牛发情并排卵、受胎。

5. 改变光照期法

在乏情季节,可人为缩短光照时间,一般每日光照8小时,连续处理7~10周,母羊即可发情。若为舍饲羊,每天提供12~14小时的人工光照,持续60天,然后将光照时间突然减少,50~70天后就有大量的母羊开始发情。

6. 公畜刺激法

在与公畜隔离的母畜群里,于发情季节到来之前,将公畜放入母畜群里,则会较好地刺激母畜,使其提前发情,即所谓的"公畜效应"。例如,在公、母羊分群饲养的母羊群中引入公羊,能刺激母羊并诱导其提前发情,此种效应为"公羊效应"。这种方法可缩短绵羊的产羔间隔期,使母羊两年产3胎。若将此方法用在猪、牛等动物上,则可称为"公猪效应""公牛效应"等。

(二)同期发情

1. 同期发情的概念

在自然条件下,单个动物的发情是随机的,而对于具有一定数量、生殖机能正常且未妊娠和正处于繁殖季节的群体来说,每日会有一定数量的动物出现发情。然而,大多数动物则处于黄体期或非发情期。同期发情,就是对群体母畜应用人工的方法,使之在一定时间内集中发情。

在畜牧生产中,诱导一批母畜在同一周或数天内同时发情,也可称为同期发情。但在胚胎移植过程中,一般要求所处理的母畜发情同期化不超过1天。

2. 同期发情的意义

进行胚胎移植的必需措施;便于管理和组织生产,节约配种费用(同时发情,同时配种,同时分娩,同时育肥和同时出栏等);提高家畜繁殖力,减少不孕;有利于推广人工授精技术,加速品种改良;可用于动物胚胎移植、克隆等生物技术的研究。

3. 同期发情的机理

在母畜卵巢机能和形态变化的过程中,黄体期的结束是卵泡期到来的前提条件,相对较高的孕激素水平可抑制发情,一旦孕激素的水平降到低限时,卵泡即开始迅速发育,并表现发情。因此,只要一群母畜的黄体期同时结束,即可引起它们同时发情。

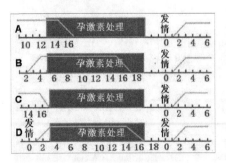

图5-4 同期发情孕激素分析

同期发情有别于诱导发情。前者针对周期性发情各阶段的母畜群，希望在预定时期而且在相当短的时间内（2~3天）集中发情，也叫群集发情；后者针对乏情的个体，使之发情。

同期发情一般有两条途径：一种是给一群母畜同时施用孕激素类药物，抑制卵泡的生长发育和发情表现。经过一定时期后同时停药，由于卵巢同时失去外源性孕激素的控制，那么卵巢上的周期黄体已经退化，于是同时出现卵泡发育，引起母畜同时发情。

其实质就是人为地延长了黄体期，起到延长发情周期、推迟发情期到来的作用，为该群体母畜的下一个发情周期创造一个共同的起点，使发情周期化。另一种途径是利用性质完全不同的前列腺素，加速功能性黄体的消退，使卵巢提前摆脱体内孕激素的控制，于是群体母畜卵巢上的卵泡同时开始发育，以达到同期发情。这种情况实际上是缩短了母畜的发情周期，使其发情期提早出现，它只适用于有正常发情周期活动的母畜。

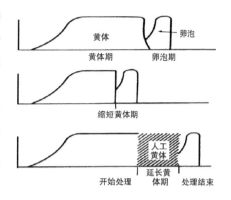

图5-5　同期发情黄体干预

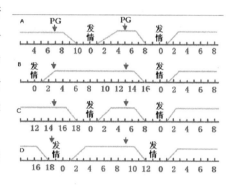

图5-6　同期发情周期变化

孕激素处理法不但可用于周期性活动的母畜，也可在非配种季节处理乏情动物。而FGF$_{2\alpha}$法只适用于正常发情周期活动的母畜。其共同点，通过延长或缩短黄体期而导致动物体内孕激素水平迅速下降，最终达到调节卵巢功能的目的。

4.诱发动物同期发情的药物及使用方法

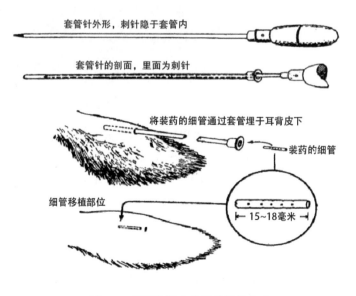

图5-7　同期发情药物埋藏操作方法

（1）诱发同期发情的药物，根据其性质大体分为三类：

第一类，发情抑制剂：如孕酮（P4）、甲孕酮、炔诺酮、氯地孕酮、18-甲基炔诺酮等。这类药物的用药期可分为长期（14~21天）和短期（8~12天）两种，一般不超过一个正常发情周期。

第二类，黄体溶解剂：即促进黄体退化的前列腺素（PG）及其类似物，如氯前列烯醇、

15-甲基前列烯醇、前列腺素甲酯等。在用于同期发情处理时，只限于正处于黄体期的母畜。

第三类，增强卵巢活性制剂：如GnRH、FSH、LH、PMSG、HCG等。在使用同期发情药物的同时，如果配合使用促性腺激素，则可增强发情同期化和提高发情率，并促使卵泡更好地成熟和排卵。

（2）激素药物的使用方法。

①阴道栓塞法：用小块海绵浸吸一定的药量，塞在子宫颈及阴道深处，使药液缓慢不断地释放作用于周围组织，在一定时间后取出。常用于牛羊，其优点是一次用药准确，但易脱落丢失，目前已有不易脱落的阴道栓塞。

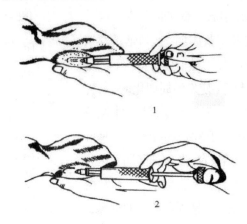

图5-8　阴道栓放置方法

②口服法：每日将一定量的药物均匀拌在饲料内，以单个饲喂较为准确，经一定时间后停药。这种方法舍饲母畜，费工费时，用量较大，且个体摄取剂量不准确，故很少用此法。

③注射法：每天按一定剂量注射，剂量准确，但费工，小群体可以。

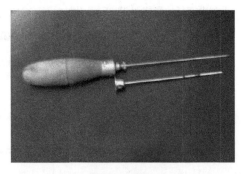

图5-9　套管针

④埋植法：皮下一次注射，缓慢吸收，但易污染。耳背埋植0.5毫升细管，常在小动物身上应用，而牛则不易取管。

5. 同期发情的处理方法

（1）牛的同期发情。

①注射法：对卵巢上有功能性黄体存在的母牛，采用前列腺素类似物，剂量1~2毫克，分两次子宫内灌注，再配合使

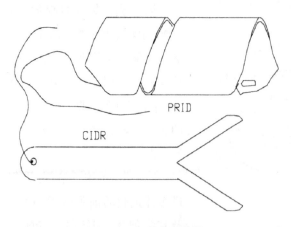

图5-10　孕激素阴道栓

图5-11　自制阴道栓

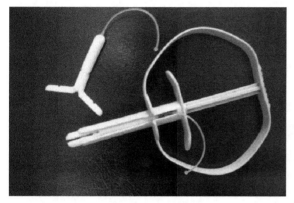

图5-12　商品阴道栓

用促性腺激素，6天内排卵的母牛达90%以上，并且大多集中在用药后3~5天内排卵。

②埋植法：应用孕激素药物时多采用18-甲基炔诺酮做皮下埋植，一般用量为18~25毫克，经10~12天后除去药管。为提高效果，也可以配合应用促性腺激素。

③阴道栓塞法：用孕激素阴道栓预处理7天，并于第6天结合使用PGF$_{2\alpha}$，第7天撤除孕激素阴道栓即可。

（2）羊的同期发情。

羊的同期发情处理方法与牛相似，只是剂量不同。羊主要采用阴道栓塞法、埋植法和注射法，但以阴道栓塞法最常用。

①阴道栓塞法：将母羊用围栏集中到一起以方便抓羊，将母羊保定，用1∶9的新洁尔灭溶液喷洒外阴部，用消毒纸巾擦净后，再用一张新的纸巾将阴门裂内擦净。一人戴一次性PE手套，从包装中取出阴道栓，在导管前端涂上足量的润滑剂；分开阴门，将导管前端插入阴门至阴道深部，然后将推杆向前推，使棉栓留于阴道内。放置14~16天后取出，并肌注PMSG 400~750国际单位，2~3天后大多数母羊发情。于发情当天和次日各输精一次。其药物种类和用量为甲孕酮40~60毫克，甲地孕酮40~50毫克，18-甲基炔诺酮30~40毫克，氯地孕酮20~30毫克，氟孕酮30~60毫克，孕酮150~300毫克。

②注射法：在发情结束后数日，向母羊子宫注入或肌注前列腺素，用药后2~3天内大多数经处理母羊发情，药物用量为牛的1/4。

（三）超数排卵

1. 概念

应用外源性促性腺激素诱发母畜卵巢的多个卵泡同时发育，并排出具有受精能力的卵子的方法

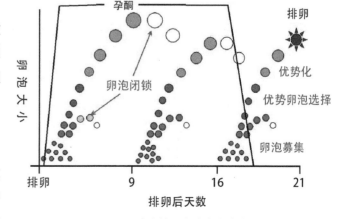

图5-13　牛发情周期中卵泡发育波

称为超数排卵，简称"超排"。超数排卵是在进行胚胎移植时，对供体母畜必须进行的处理，

以便获得更多的优良胚胎。

2. 超数排卵的原理

超数排卵的过程是应用超过体内正常水平的外源性促卵泡激素，使将要转化为闭锁卵泡的有腔卵泡发育成熟而排卵。自然情况下，家畜卵巢上约有99%的有腔卵泡发生闭锁而退化，只有1%能发育成熟而排卵。在家畜有腔卵泡闭锁之前，注射FSH或PMSG可使大量卵泡不闭锁而正常发育成熟，在排卵之前注射LH或HCG补充内源性LH的不足，可保证这些大量成熟卵泡同时排卵，形成超数排卵。

一头牛出生时有6万~10万个卵母细胞，但大部分卵母细胞发育不到成熟阶段，而是在中途退化。牛的一生以存活15年计算，只发情不配种的卵母细胞也仅有255个成熟并排出，只占总数的0.2%~0.4%，因此潜力很大。

在一个发情周期中，有2~3个卵泡发生波，像接力赛一样，大多数卵母细胞都在发育中途萎缩或黄体化，只有最后一个卵母细胞能发育成熟而排卵，究其原因是促性腺激素分泌不足，导致多数卵泡不能最后成熟排卵。

图5-14 超数排卵多胎羊

3. 超数排卵的意义

（1）超数排卵主要的作用是增加动物一次排卵的数目。哺乳动物在出生时卵巢上含有数万，甚至数十万的卵母细胞，但其一生中自然排出的卵母细胞数极少。原因之一是累计妊娠期占据生殖寿命的时间较长，影响了排卵的机会，绝大多数卵泡在发育中闭锁；另一原因是对于单胎动物而言，每次排出的卵母细胞通常只有1个。

（2）提高母畜的产仔数，单胎变多胎。

（3）通过超数排卵技术，可以比正常性周期中一次发情多排出几倍甚至几十倍的卵子，有利于提高优良母畜的繁殖率和遗传进展，加快动物育种的步伐。

（4）超数排卵时通过激素的使用人工调节和控制动物的排卵时间。在自然状态下，动物的排卵时间受促性腺激素分泌峰控制，而促性腺分泌峰又由卵泡分泌的雌激素的正反馈作用所引起，若准确地确定发情开始的时间，也就能较准确地估计出排卵的时间。在生产实践中，人们不可能频繁地对动物进行试情来确定发情开始的时间，因而可以模拟动物的生理状态，使用外源激素控制动物的排卵。

（5）超数排卵是动物胚胎移植的关键技术环节，是进行转基因动物生产，获取大量胚胎和进行动物胚胎克隆等研究的基础手段之一。

4. 超数排卵的方法

（1）超数排卵使用的药物及其剂量。

①孕马血清促性腺激素（PMSG）。由于半衰期长，只需用一次（静脉或肌肉注射）就可诱导超排，用量一般为2500~3000国际单位（牛）。但是，使用PMSG易引起卵巢囊肿，降低可用胚数。

为了克服PMSG因残留引起的胚胎死亡，近来发现在PMSG诱导发情后注射抗PMSG抗体，以中和体内残留的PMSG，可以提高超排效果。

②促卵泡素（FSH）。FSH由于半衰期短，注射后短时间内失去活性，因而使用时应做分次注射。如将FSH的总剂量32~50毫克分为3~4天，每天注射2~3次，卵巢上出现的黄体数和回收胚胎数要比1天只注射1次或2天注射1次的效果好。

从理论上讲，如果FSH制剂很纯，在最后一次注射FSH后再注射LH（100~150单位）或HCG（1000单位），可以提高超排效果。但在超排实践中发现，有时应用LH或HCG后，超排效果反而低。究其原因，主要因为现有FSH商品制剂中含有LH，某些厂家或同一厂家某些批次的FSH制剂中FSH与LH的比例较低（<1.0）。

③前列腺素（PG）。超排处理中作为配合药物使用，其应用不仅能使黄体提早消退，而且能提高超排效果。但PMSG和PG不宜同时注射，否则会导致排卵数量显著下降。

④促排卵类药物。经超排处理的个体，其卵巢上发育的卵泡数要比正常发情期的多10倍，因而在供体母畜出现发情时，可静脉注射外源性促排卵类激素，如HCG、GnRH、LH等，以增强排卵效果，减少卵巢上残留的卵泡数。

⑤孕激素。对施行超排处理的母畜，如果用孕激素先做预处理，可提高母畜对促性腺激素的敏感性，提高超排效果。

（2）超数排卵的处理时间。超数排卵的处理时间应选择在发情周期的后期，即黄体消退时期，此时的卵巢正处于由黄体期向卵泡开始发育的过渡时期。

如果在发情周期的中期进行超排处理，则需在施用促性腺激素后48~72小时配合注射$PGF_{2\alpha}$，促使黄体消退，这种方法已被广

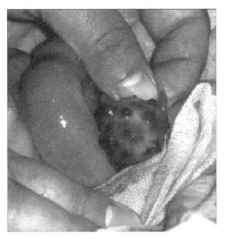

图5-15　超数排卵卵泡

泛采用。

5. 超数排卵的效果

（1）受胎率。凡进行超排处理排出的卵子受精率一般低于自然发情排出的卵子。因为经超排处理后，在高浓度雌激素的作用下，改变了卵子各胚胎在输卵管、子宫内的生存环境，从而影响了胚胎的发育。回收时间越晚，变性胚胎的比例也就越高。因此，回收时间应适宜，一般情况下，随着排卵

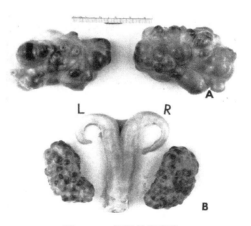

图5-16　超数排卵卵泡

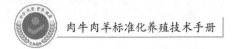

数的增加，其受精率和采胚率有下降的趋势。

（2）排卵数。供体母畜一次超数排卵的数目不宜过多，两侧卵巢一次排卵以10~15枚为宜。否则，受精率下降，机能恢复所需时间长。对于多胎动物的排卵数可多一些。

（3）发情率。应用促性腺激素和PGF$_{2\alpha}$进行超排处理，大部分母牛有发情表现，也有少数虽无发情表现，但却能正常排卵。

（4）发情时间和胚胎回收率。做超排处理注射PGF$_{2\alpha}$后48小时内发情的供体母牛胚胎回收率最高，72小时后回收率明显下降，而且多为未受精卵。

第六章　法律法规及相关制度

第一节　与农产品有关的法律法规

中华人民共和国农产品质量安全法

（2006年4月29日第十届全国人民代表大会常务委员会第二十一次会议通过　根据2018年10月26日第十三届全国人民代表大会常务委员会第六次会议《关于修改〈中华人民共和国野生动物保护法〉等十五部法律的决定》修正　2022年9月2日第十三届全国人民代表大会常务委员会第三十六次会议修订通过）

目　录

第一章　总　则

第一条　为了保障农产品质量安全,维护公众健康,促进农业和农村经济发展,制定本法。

第二条 本法所称农产品,是指来源于种植业、林业、畜牧业和渔业等的初级产品,即在农业活动中获得的植物、动物、微生物及其产品。

本法所称农产品质量安全,是指农产品质量达到农产品质量安全标准,符合保障人的健康、安全的要求。

第三条 与农产品质量安全有关的农产品生产经营及其监督管理活动,适用本法。

《中华人民共和国食品安全法》对食用农产品的市场销售、有关质量安全标准的制定、有关安全信息的公布和农业投入品已经作出规定的,应当遵守其规定。

第四条 国家加强农产品质量安全工作,实行源头治理、风险管理、全程控制,建立科学、严格的监督管理制度,构建协同、高效的社会共治体系。

第五条 国务院农业农村主管部门、市场监督管理部门依照本法和规定的职责,对农产品质量安全实施监督管理。

国务院其他有关部门依照本法和规定的职责承担农产品质量安全的有关工作。

第六条 县级以上地方人民政府对本行政区域的农产品质量安全工作负责,统一领导、组织、协调本行政区域的农产品质量安全工作,建立健全农产品质量安全工作机制,提高农产品质量安全水平。

县级以上地方人民政府应当依照本法和有关规定,确定本级农业农村主管部门、市场监督管理部门和其他有关部门的农产品质量安全监督管理工作职责。各有关部门在职责范围内负责本行政区域的农产品质量安全监督管理工作。

乡镇人民政府应当落实农产品质量安全监督管理责任,协助上级人民政府及其有关部门做好农产品质量安全监督管理工作。

第七条 农产品生产经营者应当对其生产经营的农产品质量安全负责。

农产品生产经营者应当依照法律、法规和农产品质量安全标准从事生产经营活动,诚信自律,接受社会监督,承担社会责任。

第八条 县级以上人民政府应当将农产品质量安全管理工作纳入本级国民经济和社会发展规划,所需经费列入本级预算,加强农产品质量安全监督管理能力建设。

第九条 国家引导、推广农产品标准化生产,鼓励和支持生产绿色优质农产品,禁止生产、销售不符合国家规定的农产品质量安全标准的农产品。

第十条 国家支持农产品质量安全科学技术研究,推行科学的质量安全管理方法,推广先进安全的生产技术。国家加强农产品质量安全科学技术国际交流与合作。

第十一条 各级人民政府及有关部门应当加强农产品质量安全知识的宣传,发挥基层群众性自治组织、农村集体经济组织的优势和作用,指导农产品生产经营者加强质量安全管理,保障农产品消费安全。

新闻媒体应当开展农产品质量安全法律、法规和农产品质量安全知识的公益宣传,对违法行为进行舆论监督。有关农产品质量安全的宣传报道应当真实、公正。

第十二条 农民专业合作社和农产品行业协会等应当及时为其成员提供生产技术服务,建立农产品质量安全管理制度,健全农产品质量安全控制体系,加强自律管理。

第二章　农产品质量安全风险管理和标准制定

第十三条 国家建立农产品质量安全风险监测制度。

国务院农业农村主管部门应当制定国家农产品质量安全风险监测计划,并对重点区域、重点农产品品种进行质量安全风险监测。省、自治区、直辖市人民政府农业农村主管部门应当根据国家农产品质量安全风险监测计划,结合本行政区域农产品生产经营实际,制定本行政区域的农产品质量安全风险监测实施方案,并报国务院农业农村主管部门备案。县级以上地方人民政府农业农村主管部门负责组织实施本行政区域的农产品质量安全风险监测。

县级以上人民政府市场监督管理部门和其他有关部门获知有关农产品质量安全风险信息后,应当立即核实并向同级农业农村主管部门通报。接到通报的农业农村主管部门应当及时上报。制定农产品质量安全风险监测计划、实施方案的部门应当及时研究分析,必要时进行调整。

第十四条 国家建立农产品质量安全风险评估制度。

国务院农业农村主管部门应当设立农产品质量安全风险评估专家委员会,对可能影响农产品质量安全的潜在危害进行风险分析和评估。国务院卫生健康、市场监督管理等部门发现需要对农产品进行质量安全风险评估的,应当向国务院农业农村主管部门提出风险评估建议。

农产品质量安全风险评估专家委员会由农业、食品、营养、生物、环境、医学、化工等方面的专家组成。

第十五条 国务院农业农村主管部门应当根据农产品质量安全风险监测、风险评估结果采取相应的管理措施,并将农产品质量安全风险监测、风险评估结果及时通报国务院市场监督管理、卫生健康等部门和有关省、自治区、直辖市人民政府农业农村主管部门。

县级以上人民政府农业农村主管部门开展农产品质量安全风险监测和风险评估工作时,可以根据需要进入农产品产地、储存场所及批发、零售市场。采集样品应当按照市场价格支付费用。

第十六条 国家建立健全农产品质量安全标准体系,确保严格实施。农产品质量安全标准是强制执行的标准,包括以下与农产品质量安全有关的要求:

(一)农业投入品质量要求、使用范围、用法、用量、安全间隔期和休药期规定;

（二）农产品产地环境、生产过程管控、储存、运输要求；

（三）农产品关键成分指标等要求；

（四）与屠宰畜禽有关的检验规程；

（五）其他与农产品质量安全有关的强制性要求。

《中华人民共和国食品安全法》对食用农产品的有关质量安全标准作出规定的，依照其规定执行。

第十七条 农产品质量安全标准的制定和发布，依照法律、行政法规的规定执行。

制定农产品质量安全标准应当充分考虑农产品质量安全风险评估结果，并听取农产品生产经营者、消费者、有关部门、行业协会等的意见，保障农产品消费安全。

第十八条 农产品质量安全标准应当根据科学技术发展水平以及农产品质量安全的需要，及时修订。

第十九条 农产品质量安全标准由农业农村主管部门商有关部门推进实施。

第三章　农产品产地

第二十条 国家建立健全农产品产地监测制度。

县级以上地方人民政府农业农村主管部门应当会同同级生态环境、自然资源等部门制定农产品产地监测计划，加强农产品产地安全调查、监测和评价工作。

第二十一条 县级以上地方人民政府农业农村主管部门应当会同同级生态环境、自然资源等部门按照保障农产品质量安全的要求，根据农产品品种特性和产地安全调查、监测、评价结果，依照土壤污染防治等法律、法规的规定提出划定特定农产品禁止生产区域的建议，报本级人民政府批准后实施。

任何单位和个人不得在特定农产品禁止生产区域种植、养殖、捕捞、采集特定农产品和建立特定农产品生产基地。

特定农产品禁止生产区域划定和管理的具体办法由国务院农业农村主管部门商国务院生态环境、自然资源等部门制定。

第二十二条 任何单位和个人不得违反有关环境保护法律、法规的规定向农产品产地排放或者倾倒废水、废气、固体废物或者其他有毒有害物质。

农业生产用水和用作肥料的固体废物，应当符合法律、法规和国家有关强制性标准的要求。

第二十三条 农产品生产者应当科学合理使用农药、兽药、肥料、农用薄膜等农业投入品，防止对农产品产地造成污染。

农药、肥料、农用薄膜等农业投入品的生产者、经营者、使用者应当按照国家有关规定回收并妥善处置包装物和废弃物。

第二十四条 县级以上人民政府应当采取措施，加强农产品基地建设，推进农业标准化示范建设，改善农产品的生产条件。

第四章 农产品生产

第二十五条 县级以上地方人民政府农业农村主管部门应当根据本地区的实际情况，制定保障农产品质量安全的生产技术要求和操作规程，并加强对农产品生产经营者的培训和指导。

农业技术推广机构应当加强对农产品生产经营者质量安全知识和技能的培训。国家鼓励科研教育机构开展农产品质量安全培训。

第二十六条 农产品生产企业、农民专业合作社、农业社会化服务组织应当加强农产品质量安全管理。

农产品生产企业应当建立农产品质量安全管理制度，配备相应的技术人员；不具备配备条件的，应当委托具有专业技术知识的人员进行农产品质量安全指导。

国家鼓励和支持农产品生产企业、农民专业合作社、农业社会化服务组织建立和实施危害分析和关键控制点体系，实施良好农业规范，提高农产品质量安全管理水平。

第二十七条 农产品生产企业、农民专业合作社、农业社会化服务组织应当建立农产品生产记录，如实记载下列事项：

（一）使用农业投入品的名称、来源、用法、用量和使用、停用的日期；

（二）动物疫病、农作物病虫害的发生和防治情况；

（三）收获、屠宰或者捕捞的日期。

农产品生产记录应当至少保存二年。禁止伪造、变造农产品生产记录。

国家鼓励其他农产品生产者建立农产品生产记录。

第二十八条 对可能影响农产品质量安全的农药、兽药、饲料和饲料添加剂、肥料、兽医器械，依照有关法律、行政法规的规定实行许可制度。

省级以上人民政府农业农村主管部门应当定期或者不定期组织对可能危及农产品质量安全的农药、兽药、饲料和饲料添加剂、肥料等农业投入品进行监督抽查，并公布抽查结果。

农药、兽药经营者应当依照有关法律、行政法规的规定建立销售台账，记录购买者、销售日期和药品施用范围等内容。

第二十九条 农产品生产经营者应当依照有关法律、行政法规和国家有关强制性标准、国务院农业农村主管部门的规定，科学合理使用农药、兽药、饲料和饲料添加剂、肥料等农业投入品，严格执行农业投入品使用安全间隔期或者休药期的规定，不得超范围、超剂量使用农业投入品危及农产品质量安全。

禁止在农产品生产经营过程中使用国家禁止使用的农业投入品以及其他有毒有害物质。

第三十条 农产品生产场所以及生产活动中使用的设施、设备、消毒剂、洗涤剂等应当符合国家有关质量安全规定，防止污染农产品。

第三十一条 县级以上人民政府农业农村主管部门应当加强对农业投入品使用的监督管理和指导，建立健全农业投入品的安全使用制度，推广农业投入品科学使用技术，普及安全、环保农业投入品的使用。

第三十二条 国家鼓励和支持农产品生产经营者选用优质特色农产品品种，采用绿色生产技术和全程质量控制技术，生产绿色优质农产品，实施分等分级，提高农产品品质，打造农产品品牌。

第三十三条 国家支持农产品产地冷链物流基础设施建设，健全有关农产品冷链物流标准、服务规范和监管保障机制，保障冷链物流农产品畅通高效、安全便捷，扩大高品质市场供给。

从事农产品冷链物流的生产经营者应当依照法律、法规和有关农产品质量安全标准，加强冷链技术创新与应用、质量安全控制，执行对冷链物流农产品及其包装、运输工具、作业环境等的检验检测检疫要求，保证冷链农产品质量安全。

第五章　农产品销售

第三十四条 销售的农产品应当符合农产品质量安全标准。

农产品生产企业、农民专业合作社应当根据质量安全控制要求自行或者委托检测机构对农产品质量安全进行检测；经检测不符合农产品质量安全标准的农产品，应当及时采取管控措施，且不得销售。

农业技术推广等机构应当为农户等农产品生产经营者提供农产品检测技术服务。

第三十五条 农产品在包装、保鲜、储存、运输中所使用的保鲜剂、防腐剂、添加剂、包装材料等，应当符合国家有关强制性标准以及其他农产品质量安全规定。

储存、运输农产品的容器、工具和设备应当安全、无害。禁止将农产品与有毒有害物质一同储存、运输，防止污染农产品。

第三十六条 有下列情形之一的农产品，不得销售：

（一）含有国家禁止使用的农药、兽药或者其他化合物；

（二）农药、兽药等化学物质残留或者含有的重金属等有毒有害物质不符合农产品质量安全标准；

（三）含有的致病性寄生虫、微生物或者生物毒素不符合农产品质量安全标准；

（四）未按照国家有关强制性标准以及其他农产品质量安全规定使用保鲜剂、防腐剂、添加剂、包装材料等，或者使用的保鲜剂、防腐剂、添加剂、包装材料等不符合国家有关强制性标准以及其他质量安全规定；

（五）病死、毒死或者死因不明的动物及其产品；

（六）其他不符合农产品质量安全标准的情形。

对前款规定不得销售的农产品，应当依照法律、法规的规定进行处置。

第三十七条　农产品批发市场应当按照规定设立或者委托检测机构，对进场销售的农产品质量安全状况进行抽查检测；发现不符合农产品质量安全标准的，应当要求销售者立即停止销售，并向所在地市场监督管理、农业农村等部门报告。

农产品销售企业对其销售的农产品，应当建立健全进货检查验收制度；经查验不符合农产品质量安全标准的，不得销售。

食品生产者采购农产品等食品原料，应当依照《中华人民共和国食品安全法》的规定查验许可证和合格证明，对无法提供合格证明的，应当按照规定进行检验。

第三十八条　农产品生产企业、农民专业合作社以及从事农产品收购的单位或者个人销售的农产品，按照规定应当包装或者附加承诺达标合格证等标识的，须经包装或者附加标识后方可销售。包装物或者标识上应当按照规定标明产品的品名、产地、生产者、生产日期、保质期、产品质量等级等内容；使用添加剂的，还应当按照规定标明添加剂的名称。具体办法由国务院农业农村主管部门制定。

第三十九条　农产品生产企业、农民专业合作社应当执行法律、法规的规定和国家有关强制性标准，保证其销售的农产品符合农产品质量安全标准，并根据质量安全控制、检测结果等开具承诺达标合格证，承诺不使用禁用的农药、兽药及其他化合物且使用的常规农药、兽药残留不超标等。鼓励和支持农户销售农产品时开具承诺达标合格证。法律、行政法规对畜禽产品的质量安全合格证明有特别规定的，应当遵守其规定。

从事农产品收购的单位或者个人应当按照规定收取、保存承诺达标合格证或者其他质量安全合格证明，对其收购的农产品进行混装或者分装后销售的，应当按照规定开具承诺达标合格证。

农产品批发市场应当建立健全农产品承诺达标合格证查验等制度。

县级以上人民政府农业农村主管部门应当做好承诺达标合格证有关工作的指导服务，加强日常监督检查。

农产品质量安全承诺达标合格证管理办法由国务院农业农村主管部门会同国务院有关

部门制定。

第四十条 农产品生产经营者通过网络平台销售农产品的,应当依照本法和《中华人民共和国电子商务法》、《中华人民共和国食品安全法》等法律、法规的规定,严格落实质量安全责任,保证其销售的农产品符合质量安全标准。网络平台经营者应当依法加强对农产品生产经营者的管理。

第四十一条 国家对列入农产品质量安全追溯目录的农产品实施追溯管理。国务院农业农村主管部门应当会同国务院市场监督管理等部门建立农产品质量安全追溯协作机制。农产品质量安全追溯管理办法和追溯目录由国务院农业农村主管部门会同国务院市场监督管理等部门制定。

国家鼓励具备信息化条件的农产品生产经营者采用现代信息技术手段采集、留存生产记录、购销记录等生产经营信息。

第四十二条 农产品质量符合国家规定的有关优质农产品标准的,农产品生产经营者可以申请使用农产品质量标志。禁止冒用农产品质量标志。

国家加强地理标志农产品保护和管理。

第四十三条 属于农业转基因生物的农产品,应当按照农业转基因生物安全管理的有关规定进行标识。

第四十四条 依法需要实施检疫的动植物及其产品,应当附具检疫标志、检疫证明。

第六章 监督管理

第四十五条 县级以上人民政府农业农村主管部门和市场监督管理等部门应当建立健全农产品质量安全全程监督管理协作机制,确保农产品从生产到消费各环节的质量安全。

县级以上人民政府农业农村主管部门和市场监督管理部门应当加强收购、储存、运输过程中农产品质量安全监督管理的协调配合和执法衔接,及时通报和共享农产品质量安全监督管理信息,并按照职责权限,发布有关农产品质量安全日常监督管理信息。

第四十六条 县级以上人民政府农业农村主管部门应当根据农产品质量安全风险监测、风险评估结果和农产品质量安全状况等,制定监督抽查计划,确定农产品质量安全监督抽查的重点、方式和频次,并实施农产品质量安全风险分级管理。

第四十七条 县级以上人民政府农业农村主管部门应当建立健全随机抽查机制,按照监督抽查计划,组织开展农产品质量安全监督抽查。

农产品质量安全监督抽查检测应当委托符合本法规定条件的农产品质量安全检测机构进行。监督抽查不得向被抽查人收取费用,抽取的样品应当按照市场价格支付费用,并不得超过国务院农业农村主管部门规定的数量。

上级农业农村主管部门监督抽查的同批次农产品,下级农业农村主管部门不得另行重复抽查。

第四十八条　农产品质量安全检测应当充分利用现有的符合条件的检测机构。

从事农产品质量安全检测的机构,应当具备相应的检测条件和能力,由省级以上人民政府农业农村主管部门或者其授权的部门考核合格。具体办法由国务院农业农村主管部门制定。

农产品质量安全检测机构应当依法经资质认定。

第四十九条　从事农产品质量安全检测工作的人员,应当具备相应的专业知识和实际操作技能,遵纪守法,恪守职业道德。

农产品质量安全检测机构对出具的检测报告负责。检测报告应当客观公正,检测数据应当真实可靠,禁止出具虚假检测报告。

第五十条　县级以上地方人民政府农业农村主管部门可以采用国务院农业农村主管部门会同国务院市场监督管理等部门认定的快速检测方法,开展农产品质量安全监督抽查检测。抽查检测结果确定有关农产品不符合农产品质量安全标准的,可以作为行政处罚的证据。

第五十一条　农产品生产经营者对监督抽查检测结果有异议的,可以自收到检测结果之日起五个工作日内,向实施农产品质量安全监督抽查的农业农村主管部门或者其上一级农业农村主管部门申请复检。复检机构与初检机构不得为同一机构。

采用快速检测方法进行农产品质量安全监督抽查检测,被抽查人对检测结果有异议的,可以自收到检测结果时起四小时内申请复检。复检不得采用快速检测方法。

复检机构应当自收到复检样品之日起七个工作日内出具检测报告。

因检测结果错误给当事人造成损害的,依法承担赔偿责任。

第五十二条　县级以上地方人民政府农业农村主管部门应当加强对农产品生产的监督管理,开展日常检查,重点检查农产品产地环境、农业投入品购买和使用、农产品生产记录、承诺达标合格证开具等情况。

国家鼓励和支持基层群众性自治组织建立农产品质量安全信息员工作制度,协助开展有关工作。

第五十三条　开展农产品质量安全监督检查,有权采取下列措施:

(一)进入生产经营场所进行现场检查,调查了解农产品质量安全的有关情况;

(二)查阅、复制农产品生产记录、购销台账等与农产品质量安全有关的资料;

(三)抽样检测生产经营的农产品和使用的农业投入品以及其他有关产品;

(四)查封、扣押有证据证明存在农产品质量安全隐患或者经检测不符合农产品质量安全标准的农产品;

（五）查封、扣押有证据证明可能危及农产品质量安全或者经检测不符合产品质量标准的农业投入品以及其他有毒有害物质；

（六）查封、扣押用于违法生产经营农产品的设施、设备、场所以及运输工具；

（七）收缴伪造的农产品质量标志。

农产品生产经营者应当协助、配合农产品质量安全监督检查，不得拒绝、阻挠。

第五十四条 县级以上人民政府农业农村等部门应当加强农产品质量安全信用体系建设，建立农产品生产经营者信用记录，记载行政处罚等信息，推进农产品质量安全信用信息的应用和管理。

第五十五条 农产品生产经营过程中存在质量安全隐患，未及时采取措施消除的，县级以上地方人民政府农业农村主管部门可以对农产品生产经营者的法定代表人或者主要负责人进行责任约谈。农产品生产经营者应当立即采取措施，进行整改，消除隐患。

第五十六条 国家鼓励消费者协会和其他单位或者个人对农产品质量安全进行社会监督，对农产品质量安全监督管理工作提出意见和建议。任何单位和个人有权对违反本法的行为进行检举控告、投诉举报。

县级以上人民政府农业农村主管部门应当建立农产品质量安全投诉举报制度，公开投诉举报渠道，收到投诉举报后，应当及时处理。对不属于本部门职责的，应当移交有权处理的部门并书面通知投诉举报人。

第五十七条 县级以上地方人民政府农业农村主管部门应当加强对农产品质量安全执法人员的专业技术培训并组织考核。不具备相应知识和能力的，不得从事农产品质量安全执法工作。

第五十八条 上级人民政府应当督促下级人民政府履行农产品质量安全职责。对农产品质量安全责任落实不力、问题突出的地方人民政府，上级人民政府可以对其主要负责人进行责任约谈。被约谈的地方人民政府应当立即采取整改措施。

第五十九条 国务院农业农村主管部门应当会同国务院有关部门制定国家农产品质量安全突发事件应急预案，并与国家食品安全事故应急预案相衔接。

县级以上地方人民政府应当根据有关法律、行政法规的规定和上级人民政府的农产品质量安全突发事件应急预案，制定本行政区域的农产品质量安全突发事件应急预案。

发生农产品质量安全事故时，有关单位和个人应当采取控制措施，及时向所在地乡镇人民政府和县级人民政府农业农村等部门报告；收到报告的机关应当按照农产品质量安全突发事件应急预案及时处理并报本级人民政府、上级人民政府有关部门。发生重大农产品质量安全事故时，按照规定上报国务院及其有关部门。

任何单位和个人不得隐瞒、谎报、缓报农产品质量安全事故，不得隐匿、伪造、毁灭有关证据。

第六十条 县级以上地方人民政府市场监督管理部门依照本法和《中华人民共和国食品

安全法》等法律、法规的规定,对农产品进入批发、零售市场或者生产加工企业后的生产经营活动进行监督检查。

第六十一条 县级以上人民政府农业农村、市场监督管理等部门发现农产品质量安全违法行为涉嫌犯罪的,应当及时将案件移送公安机关。对移送的案件,公安机关应当及时审查;认为有犯罪事实需要追究刑事责任的,应当立案侦查。

公安机关对依法不需要追究刑事责任但应当给予行政处罚的,应当及时将案件移送农业农村、市场监督管理等部门,有关部门应当依法处理。

公安机关商请农业农村、市场监督管理、生态环境等部门提供检验结论、认定意见以及对涉案农产品进行无害化处理等协助的,有关部门应当及时提供、予以协助。

第七章 法律责任

第六十二条 违反本法规定,地方各级人民政府有下列情形之一的,对直接负责的主管人员和其他直接责任人员给予警告、记过、记大过处分;造成严重后果的,给予降级或者撤职处分:

(一)未确定有关部门的农产品质量安全监督管理工作职责,未建立健全农产品质量安全工作机制,或者未落实农产品质量安全监督管理责任;

(二)未制定本行政区域的农产品质量安全突发事件应急预案,或者发生农产品质量安全事故后未按照规定启动应急预案。

第六十三条 违反本法规定,县级以上人民政府农业农村等部门有下列行为之一的,对直接负责的主管人员和其他直接责任人员给予记大过处分;情节较重的,给予降级或者撤职处分;情节严重的,给予开除处分;造成严重后果的,其主要负责人还应当引咎辞职:

(一)隐瞒、谎报、缓报农产品质量安全事故或者隐匿、伪造、毁灭有关证据;

(二)未按照规定查处农产品质量安全事故,或者接到农产品质量安全事故报告未及时处理,造成事故扩大或者蔓延;

(三)发现农产品质量安全重大风险隐患后,未及时采取相应措施,造成农产品质量安全事故或者不良社会影响;

(四)不履行农产品质量安全监督管理职责,导致发生农产品质量安全事故。

第六十四条 县级以上地方人民政府农业农村、市场监督管理等部门在履行农产品质量安全监督管理职责过程中,违法实施检查、强制等执法措施,给农产品生产经营者造成损失的,应当依法予以赔偿,对直接负责的主管人员和其他直接责任人员依法给予处分。

第六十五条 农产品质量安全检测机构、检测人员出具虚假检测报告的,由县级以上人民政府农业农村主管部门没收所收取的检测费用，检测费用不足一万元的，并处五万元以上十万元以下罚款，检测费用一万元以上的，并处检测费用五倍以上十倍以下罚款；对直接负责的主管人员和其他直接责任人员处一万元以上五万元以下罚款；使消费者的合法权益受到损害的，农产品质量安全检测机构应当与农产品生产经营者承担连带责任。

因农产品质量安全违法行为受到刑事处罚或者因出具虚假检测报告导致发生重大农产品质量安全事故的检测人员，终身不得从事农产品质量安全检测工作。农产品质量安全检测机构不得聘用上述人员。

农产品质量安全检测机构有前两款违法行为的，由授予其资质的主管部门或者机构吊销该农产品质量安全检测机构的资质证书。

第六十六条 违反本法规定，在特定农产品禁止生产区域种植、养殖、捕捞、采集特定农产品或者建立特定农产品生产基地的，由县级以上地方人民政府农业农村主管部门责令停止违法行为，没收农产品和违法所得，并处违法所得一倍以上三倍以下罚款。

违反法律、法规规定，向农产品产地排放或者倾倒废水、废气、固体废物或者其他有毒有害物质的，依照有关环境保护法律、法规的规定处理、处罚；造成损害的，依法承担赔偿责任。

第六十七条 农药、肥料、农用薄膜等农业投入品的生产者、经营者、使用者未按照规定回收并妥善处置包装物或者废弃物的，由县级以上地方人民政府农业农村主管部门依照有关法律、法规的规定处理、处罚。

第六十八条 违反本法规定，农产品生产企业有下列情形之一的，由县级以上地方人民政府农业农村主管部门责令限期改正；逾期不改正的，处五千元以上五万元以下罚款：

（一）未建立农产品质量安全管理制度；

（二）未配备相应的农产品质量安全管理技术人员，且未委托具有专业技术知识的人员进行农产品质量安全指导。

第六十九条 农产品生产企业、农民专业合作社、农业社会化服务组织未依照本法规定建立、保存农产品生产记录，或者伪造、变造农产品生产记录的，由县级以上地方人民政府农业农村主管部门责令限期改正；逾期不改正的，处二千元以上二万元以下罚款。

第七十条 违反本法规定，农产品生产经营者有下列行为之一，尚不构成犯罪的，由县级以上地方人民政府农业农村主管部门责令停止生产经营、追回已经销售的农产品，对违法生产经营的农产品进行无害化处理或者予以监督销毁，没收违法所得，并可以没收用于违法生产经营的工具、设备、原料等物品；违法生产经营的农产品货值金额不足一万元的，并处十万元以上十五万元以下罚款，货值金额一万元以上的，并处货值金额十五倍以上三十倍以下罚款；对农户，并处一千元以上一万元以下罚款；情节严重的，有许可证的吊销许可证，并可以由公安机关对其直接负责的主管人员和其他直接责任人员处五日以上十五日以下拘留：

（一）在农产品生产经营过程中使用国家禁止使用的农业投入品或者其他有毒有害物

质;

（二）销售含有国家禁止使用的农药、兽药或者其他化合物的农产品;

（三）销售病死、毒死或者死因不明的动物及其产品。

明知农产品生产经营者从事前款规定的违法行为,仍为其提供生产经营场所或者其他条件的,由县级以上地方人民政府农业农村主管部门责令停止违法行为,没收违法所得,并处十万元以上二十万元以下罚款;使消费者的合法权益受到损害的,应当与农产品生产经营者承担连带责任。

第七十一条　违反本法规定,农产品生产经营者有下列行为之一,尚不构成犯罪的,由县级以上地方人民政府农业农村主管部门责令停止生产经营、追回已经销售的农产品,对违法生产经营的农产品进行无害化处理或者予以监督销毁,没收违法所得,并可以没收用于违法生产经营的工具、设备、原料等物品;违法生产经营的农产品货值金额不足一万元的,并处五万元以上十万元以下罚款,货值金额一万元以上的,并处货值金额十倍以上二十倍以下罚款;对农户,并处五百元以上五千元以下罚款:

（一）销售农药、兽药等化学物质残留或者含有的重金属等有毒有害物质不符合农产品质量安全标准的农产品;

（二）销售含有的致病性寄生虫、微生物或者生物毒素不符合农产品质量安全标准的农产品;

（三）销售其他不符合农产品质量安全标准的农产品。

第七十二条　违反本法规定,农产品生产经营者有下列行为之一的,由县级以上地方人民政府农业农村主管部门责令停止生产经营、追回已经销售的农产品,对违法生产经营的农产品进行无害化处理或者予以监督销毁,没收违法所得,并可以没收用于违法生产经营的工具、设备、原料等物品;违法生产经营的农产品货值金额不足一万元的,并处五千元以上五万元以下罚款,货值金额一万元以上的,并处货值金额五倍以上十倍以下罚款;对农户,并处三百元以上三千元以下罚款:

（一）在农产品生产场所以及生产活动中使用的设施、设备、消毒剂、洗涤剂等不符合国家有关质量安全规定;

（二）未按照国家有关强制性标准或者其他农产品质量安全规定使用保鲜剂、防腐剂、添加剂、包装材料等,或者使用的保鲜剂、防腐剂、添加剂、包装材料等不符合国家有关强制性标准或者其他质量安全规定;

（三）将农产品与有毒有害物质一同储存、运输。

第七十三条　违反本法规定,有下列行为之一的,由县级以上地方人民政府农业农村主管部门按照职责给予批评教育,责令限期改正;逾期不改正的,处一百元以上一千元以下罚款:

（一）农产品生产企业、农民专业合作社、从事农产品收购的单位或者个人未按照规定开

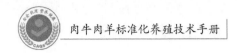

具承诺达标合格证;

（二）从事农产品收购的单位或者个人未按照规定收取、保存承诺达标合格证或者其他合格证明。

第七十四条　农产品生产经营者冒用农产品质量标志,或者销售冒用农产品质量标志的农产品的,由县级以上地方人民政府农业农村主管部门按照职责责令改正,没收违法所得;违法生产经营的农产品货值金额不足五千元的,并处五千元以上五万元以下罚款,货值金额五千元以上的,并处货值金额十倍以上二十倍以下罚款。

第七十五条　违反本法关于农产品质量安全追溯规定的,由县级以上地方人民政府农业农村主管部门按照职责责令限期改正;逾期不改正的,可以处一万元以下罚款。

第七十六条　违反本法规定,拒绝、阻挠依法开展的农产品质量安全监督检查、事故调查处理、抽样检测和风险评估的,由有关主管部门按照职责责令停产停业,并处二千元以上五万元以下罚款;构成违反治安管理行为的,由公安机关依法给予治安管理处罚。

第七十七条　《中华人民共和国食品安全法》对食用农产品进入批发、零售市场或者生产加工企业后的违法行为和法律责任有规定的,由县级以上地方人民政府市场监督管理部门依照其规定进行处罚。

第七十八条　违反本法规定,构成犯罪的,依法追究刑事责任。

第七十九条　违反本法规定,给消费者造成人身、财产或者其他损害的,依法承担民事赔偿责任。生产经营者财产不足以同时承担民事赔偿责任和缴纳罚款、罚金时,先承担民事赔偿责任。

食用农产品生产经营者违反本法规定,污染环境、侵害众多消费者合法权益,损害社会公共利益的,人民检察院可以依照《中华人民共和国民事诉讼法》、《中华人民共和国行政诉讼法》等法律的规定向人民法院提起诉讼。

第八章　附　则

第八十条　粮食收购、储存、运输环节的质量安全管理,依照有关粮食管理的法律、行政法规执行。

第八十一条　本法自2023年1月1日起施行。

中华人民共和国畜牧法

（2005年12月29日第十届全国人民代表大会常务委员会第十九次会议通过，根据2015年4月24日第十二届全国人民代表大会常务委员会第十四次会议《关于修改〈中华人民共和国计量法〉等五部法律的决定》修正）

目录

第一章　总　则

第一条　为了规范畜牧业生产经营行为，保障畜禽产品质量安全，保护和合理利用畜禽遗传资源，维护畜牧业生产经营者的合法权益，促进畜牧业持续健康发展，制定本法。

第二条　在中华人民共和国境内从事畜禽的遗传资源保护利用、繁育、饲养、经营、运输等活动，适用本法。

本法所称畜禽，是指列入依照本法第十一条规定公布的畜禽遗传资源目录的畜禽。

蜂、蚕的资源保护利用和生产经营，适用本法有关规定。

第三条　国家支持畜牧业发展，发挥畜牧业在发展农业、农村经济和增加农民收入中的作用。县级以上人民政府应当采取措施，加强畜牧业基础设施建设，鼓励和扶持发展规模化养殖，推进畜牧产业化经营，提高畜牧业综合生产能力，发展优质、高效、生态、安全的畜牧业。

国家帮助和扶持少数民族地区、贫困地区畜牧业的发展，保护和合理利用草原，改善畜牧业生产条件。

第四条 国家采取措施，培养畜牧兽医专业人才，发展畜牧兽医科学技术研究和推广事业，开展畜牧兽医科学技术知识的教育宣传工作和畜牧兽医信息服务，推进畜牧业科技进步。

第五条 畜牧业生产经营者可以依法自愿成立行业协会，为成员提供信息、技术、营销、培训等服务，加强行业自律，维护成员和行业利益。

第六条 畜牧业生产经营者应当依法履行动物防疫和环境保护义务，接受有关主管部门依法实施的监督检查。

第七条 国务院畜牧兽医行政主管部门负责全国畜牧业的监督管理工作。县级以上地方人民政府畜牧兽医行政主管部门负责本行政区域内的畜牧业监督管理工作。

县级以上人民政府有关主管部门在各自的职责范围内，负责有关促进畜牧业发展的工作。

第八条 国务院畜牧兽医行政主管部门应当指导畜牧业生产经营者改善畜禽繁育、饲养、运输的条件和环境。

第二章 畜禽遗传资源保护

第九条 国家建立畜禽遗传资源保护制度。各级人民政府应当采取措施，加强畜禽遗传资源保护，畜禽遗传资源保护经费列入财政预算。

畜禽遗传资源保护以国家为主，鼓励和支持有关单位、个人依法发展畜禽遗传资源保护事业。

第十条 国务院畜牧兽医行政主管部门设立由专业人员组成的国家畜禽遗传资源委员会，负责畜禽遗传资源的鉴定、评估和畜禽新品种、配套系的审定，承担畜禽遗传资源保护和利用规划论证及有关畜禽遗传资源保护的咨询工作。

第十一条 国务院畜牧兽医行政主管部门负责组织畜禽遗传资源的调查工作，发布国家畜禽遗传资源状况报告，公布经国务院批准的畜禽遗传资源目录。

第十二条 国务院畜牧兽医行政主管部门根据畜禽遗传资源分布状况，制定全国畜禽遗传资源保护和利用规划，制定并公布国家级畜禽遗传资源保护名录，对原产我国的珍贵、稀有、濒危的畜禽遗传资源实行重点保护。

省级人民政府畜牧兽医行政主管部门根据全国畜禽遗传资源保护和利用规划及本行政区域内畜禽遗传资源状况，制定和公布省级畜禽遗传资源保护名录，并报国务院畜牧兽医行政主管部门备案。

第十三条 国务院畜牧兽医行政主管部门根据全国畜禽遗传资源保护和利用规划及国家级畜禽遗传资源保护名录,省级人民政府畜牧兽医行政主管部门根据省级畜禽遗传资源保护名录,分别建立或者确定畜禽遗传资源保种场、保护区和基因库,承担畜禽遗传资源保护任务。

享受中央和省级财政资金支持的畜禽遗传资源保种场、保护区和基因库,未经国务院畜牧兽医行政主管部门或者省级人民政府畜牧兽医行政主管部门批准,不得擅自处理受保护的畜禽遗传资源。

畜禽遗传资源基因库应当按照国务院畜牧兽医行政主管部门或者省级人民政府畜牧兽医行政主管部门的规定,定期采集和更新畜禽遗传材料。有关单位、个人应当配合畜禽遗传资源基因库采集畜禽遗传材料,并有权获得适当的经济补偿。

畜禽遗传资源保种场、保护区和基因库的管理办法由国务院畜牧兽医行政主管部门制定。

第十四条 新发现的畜禽遗传资源在国家畜禽遗传资源委员会鉴定前,省级人民政府畜牧兽医行政主管部门应当制定保护方案,采取临时保护措施,并报国务院畜牧兽医行政主管部门备案。

第十五条 从境外引进畜禽遗传资源的,应当向省级人民政府畜牧兽医行政主管部门提出申请;受理申请的畜牧兽医行政主管部门经审核,报国务院畜牧兽医行政主管部门经评估论证后批准。经批准的,依照《中华人民共和国进出境动植物检疫法》的规定办理相关手续并实施检疫。

从境外引进的畜禽遗传资源被发现对境内畜禽遗传资源、生态环境有危害或者可能产生危害的,国务院畜牧兽医行政主管部门应当商有关主管部门,采取相应的安全控制措施。

第十六条 向境外输出或者在境内与境外机构、个人合作研究利用列入保护名录的畜禽遗传资源的,应当向省级人民政府畜牧兽医行政主管部门提出申请,同时提出国家共享惠益的方案;受理申请的畜牧兽医行政主管部门经审核,报国务院畜牧兽医行政主管部门批准。

向境外输出畜禽遗传资源的,还应当依照《中华人民共和国进出境动植物检疫法》的规定办理相关手续并实施检疫。

新发现的畜禽遗传资源在国家畜禽遗传资源委员会鉴定前,不得向境外输出,不得与境外机构、个人合作研究利用。

第十七条 畜禽遗传资源的进出境和对外合作研究利用的审批办法由国务院规定。

第三章 种畜禽品种选育与生产经营

第十八条 国家扶持畜禽品种的选育和优良品种的推广使用,支持企业、院校、科研机构

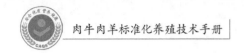

和技术推广单位开展联合育种，建立畜禽良种繁育体系。

第十九条 培育的畜禽新品种、配套系和新发现的畜禽遗传资源在推广前，应当通过国家畜禽遗传资源委员会审定或者鉴定，并由国务院畜牧兽医行政主管部门公告。畜禽新品种、配套系的审定办法和畜禽遗传资源的鉴定办法，由国务院畜牧兽医行政主管部门制定。审定或者鉴定所需的试验、检测等费用由申请者承担，收费办法由国务院财政、价格部门会同国务院畜牧兽医行政主管部门制定。

培育新的畜禽品种、配套系进行中间试验，应当经试验所在地省级人民政府畜牧兽医行政主管部门批准。

畜禽新品种、配套系培育者的合法权益受法律保护。

第二十条 转基因畜禽品种的培育、试验、审定和推广，应当符合国家有关农业转基因生物管理的规定。

第二十一条 省级以上畜牧兽医技术推广机构可以组织开展种畜优良个体登记，向社会推荐优良种畜。优良种畜登记规则由国务院畜牧兽医行政主管部门制定。

第二十二条 从事种畜禽生产经营或者生产商品代仔畜、雏禽的单位、个人，应当取得种畜禽生产经营许可证。

申请取得种畜禽生产经营许可证，应当具备下列条件：

（一）生产经营的种畜禽必须是通过国家畜禽遗传资源委员会审定或者鉴定的品种、配套系，或者是经批准引进的境外品种、配套系；

（二）有与生产经营规模相适应的畜牧兽医技术人员；

（三）有与生产经营规模相适应的繁育设施设备；

（四）具备法律、行政法规和国务院畜牧兽医行政主管部门规定的种畜禽防疫条件；

（五）有完善的质量管理和育种记录制度；

（六）具备法律、行政法规规定的其他条件。

第二十三条 申请取得生产家畜卵子、冷冻精液、胚胎等遗传材料的生产经营许可证，除应当符合本法第二十二条第二款规定的条件外，还应当具备下列条件：

（一）符合国务院畜牧兽医行政主管部门规定的实验室、保存和运输条件；

（二）符合国务院畜牧兽医行政主管部门规定的种畜数量和质量要求；

（三）体外授精取得的胚胎、使用的卵子来源明确，供体畜符合国家规定的种畜健康标准和质量要求；

（四）符合国务院畜牧兽医行政主管部门规定的其他技术要求。

第二十四条 申请取得生产家畜卵子、冷冻精液、胚胎等遗传材料的生产经营许可证，应当向省级人民政府畜牧兽医行政主管部门提出申请。受理申请的畜牧兽医行政主管部门应当自收到申请之日起六十个工作日内依法决定是否发给生产经营许可证。

其他种畜禽的生产经营许可证由县级以上地方人民政府畜牧兽医行政主管部门审核发

放,具体审核发放办法由省级人民政府规定。

种畜禽生产经营许可证样式由国务院畜牧兽医行政主管部门制定,许可证有效期为三年。发放种畜禽生产经营许可证可以收取工本费,具体收费管理办法由国务院财政、价格部门制定。

第二十五条 种畜禽生产经营许可证应当注明生产经营者名称、场(厂)址、生产经营范围及许可证有效期的起止日期等。

禁止任何单位、个人无种畜禽生产经营许可证或者违反种畜禽生产经营许可证的规定生产经营种畜禽。禁止伪造、变造、转让、租借种畜禽生产经营许可证。

第二十六条 农户饲养的种畜禽用于自繁自养和有少量剩余仔畜、雏禽出售的,农户饲养种公畜进行互助配种的,不需要办理种畜禽生产经营许可证。

第二十七条 专门从事家畜人工授精、胚胎移植等繁殖工作的人员,应当取得相应的国家职业资格证书。

第二十八条 发布种畜禽广告的,广告主应当提供种畜禽生产经营许可证和营业执照。广告内容应当符合有关法律、行政法规的规定,并注明种畜禽品种、配套系的审定或者鉴定名称;对主要性状的描述应当符合该品种、配套系的标准。

第二十九条 销售的种畜禽和家畜配种站(点)使用的种公畜,必须符合种用标准。销售种畜禽时,应当附具种畜禽场出具的种畜禽合格证明、动物防疫监督机构出具的检疫合格证明,销售的种畜还应当附具种畜禽场出具的家畜系谱。

生产家畜卵子、冷冻精液、胚胎等遗传材料,应当有完整的采集、销售、移植等记录,记录应当保存二年。

第三十条 销售种畜禽,不得有下列行为:

(一)以其他畜禽品种、配套系冒充所销售的种畜禽品种、配套系;

(二)以低代别种畜禽冒充高代别种畜禽;

(三)以不符合种用标准的畜禽冒充种畜禽;

(四)销售未经批准进口的种畜禽;

(五)销售未附具本法第二十九条规定的种畜禽合格证明、检疫合格证明的种畜禽或者未附具家畜系谱的种畜;

(六)销售未经审定或者鉴定的种畜禽品种、配套系。

第三十一条 申请进口种畜禽的,应当持有种畜禽生产经营许可证。进口种畜禽的批准文件有效期为六个月。

进口的种畜禽应当符合国务院畜牧兽医行政主管部门规定的技术要求。首次进口的种畜禽还应当由国家畜禽遗传资源委员会进行种用性能的评估。

种畜禽的进出口管理除适用前两款的规定外,还适用本法第十五条和第十六条的相关规定。

国家鼓励畜禽养殖者对进口的畜禽进行新品种、配套系的选育;选育的新品种、配套系在推广前,应当经国家畜禽遗传资源委员会审定。

第三十二条 种畜禽场和孵化场(厂)销售商品代仔畜、雏禽的,应当向购买者提供其销售的商品代仔畜、雏禽的主要生产性能指标、免疫情况、饲养技术要求和有关咨询服务,并附具动物防疫监督机构出具的检疫合格证明。

销售种畜禽和商品代仔畜、雏禽,因质量问题给畜禽养殖者造成损失的,应当依法赔偿损失。

第三十三条 县级以上人民政府畜牧兽医行政主管部门负责种畜禽质量安全的监督管理工作。种畜禽质量安全的监督检验应当委托具有法定资质的种畜禽质量检验机构进行;所需检验费用按照国务院规定列支,不得向被检验人收取。

第三十四条 蚕种的资源保护、新品种选育、生产经营和推广适用本法有关规定,具体管理办法由国务院农业行政主管部门制定。

第四章 畜禽养殖

第三十五条 县级以上人民政府畜牧兽医行政主管部门应当根据畜牧业发展规划和市场需求,引导和支持畜牧业结构调整,发展优势畜禽生产,提高畜禽产品市场竞争力。

国家支持草原牧区开展草原围栏、草原水利、草原改良、饲草饲料基地等草原基本建设,优化畜群结构,改良牲畜品种,转变生产方式,发展舍饲圈养、划区轮牧,逐步实现畜草平衡,改善草原生态环境。

第三十六条 国务院和省级人民政府应当在其财政预算内安排支持畜牧业发展的良种补贴、贴息补助等资金,并鼓励有关金融机构通过提供贷款、保险服务等形式,支持畜禽养殖者购买优良畜禽、繁育良种、改善生产设施、扩大养殖规模,提高养殖效益。

第三十七条 国家支持农村集体经济组织、农民和畜牧业合作经济组织建立畜禽养殖场、养殖小区,发展规模化、标准化养殖。乡(镇)土地利用总体规划应当根据本地实际情况安排畜禽养殖用地。农村集体经济组织、农民、畜牧业合作经济组织按照乡(镇)土地利用总体规划建立的畜禽养殖场、养殖小区用地按农业用地管理。畜禽养殖场、养殖小区用地使用权期限届满,需要恢复为原用途的,由畜禽养殖场、养殖小区土地使用权人负责恢复。在畜禽养殖场、养殖小区用地范围内需要兴建永久性建(构)筑物,涉及农用地转用的,依照《中华人民共和国土地管理法》的规定办理。

第三十八条 国家设立的畜牧兽医技术推广机构,应当向农民提供畜禽养殖技术培训、良种推广、疫病防治等服务。县级以上人民政府应当保障国家设立的畜牧兽医技术推广机构从事公益性技术服务的工作经费。

国家鼓励畜禽产品加工企业和其他相关生产经营者为畜禽养殖者提供所需的服务。

第三十九条 畜禽养殖场、养殖小区应当具备下列条件：

（一）有与其饲养规模相适应的生产场所和配套的生产设施；

（二）有为其服务的畜牧兽医技术人员；

（三）具备法律、行政法规和国务院畜牧兽医行政主管部门规定的防疫条件；

（四）有对畜禽粪便、废水和其他固体废弃物进行综合利用的沼气池等设施或者其他无害化处理设施；

（五）具备法律、行政法规规定的其他条件。

养殖场、养殖小区兴办者应当将养殖场、养殖小区的名称、养殖地址、畜禽品种和养殖规模，向养殖场、养殖小区所在地县级人民政府畜牧兽医行政主管部门备案，取得畜禽标识代码。

省级人民政府根据本行政区域畜牧业发展状况制定畜禽养殖场、养殖小区的规模标准和备案程序。

第四十条 禁止在下列区域内建设畜禽养殖场、养殖小区：

（一）生活饮用水的水源保护区，风景名胜区，以及自然保护区的核心区和缓冲区；

（二）城镇居民区、文化教育科学研究区等人口集中区域；

（三）法律、法规规定的其他禁养区域。

第四十一条 畜禽养殖场应当建立养殖档案，载明以下内容：

（一）畜禽的品种、数量、繁殖记录、标识情况、来源和进出场日期；

（二）饲料、饲料添加剂、兽药等投入品的来源、名称、使用对象、时间和用量；

（三）检疫、免疫、消毒情况；

（四）畜禽发病、死亡和无害化处理情况；

（五）国务院畜牧兽医行政主管部门规定的其他内容。

第四十二条 畜禽养殖场应当为其饲养的畜禽提供适当的繁殖条件和生存、生长环境。

第四十三条 从事畜禽养殖，不得有下列行为：

（一）违反法律、行政法规的规定和国家技术规范的强制性要求使用饲料、饲料添加剂、兽药；

（二）使用未经高温处理的餐馆、食堂的泔水饲喂家畜；

（三）在垃圾场或者使用垃圾场中的物质饲养畜禽；

（四）法律、行政法规和国务院畜牧兽医行政主管部门规定的危害人和畜禽健康的其他行为。

第四十四条 从事畜禽养殖，应当依照《中华人民共和国动物防疫法》的规定，做好畜禽疫病的防治工作。

第四十五条　畜禽养殖者应当按照国家关于畜禽标识管理的规定,在应当加施标识的畜禽的指定部位加施标识。畜牧兽医行政主管部门提供标识不得收费,所需费用列入省级人民政府财政预算。

畜禽标识不得重复使用。

第四十六条　畜禽养殖场、养殖小区应当保证畜禽粪便、废水及其他固体废弃物综合利用或者无害化处理设施的正常运转,保证污染物达标排放,防止污染环境。

畜禽养殖场、养殖小区违法排放畜禽粪便、废水及其他固体废弃物,造成环境污染危害的,应当排除危害,依法赔偿损失。

国家支持畜禽养殖场、养殖小区建设畜禽粪便、废水及其他固体废弃物的综合利用设施。

第四十七条　国家鼓励发展养蜂业,维护养蜂生产者的合法权益。

有关部门应当积极宣传和推广蜜蜂授粉农艺措施。

第四十八条　养蜂生产者在生产过程中,不得使用危害蜂产品质量安全的药品和容器,确保蜂产品质量。养蜂器具应当符合国家技术规范的强制性要求。

第四十九条　养蜂生产者在转地放蜂时,当地公安、交通运输、畜牧兽医等有关部门应当为其提供必要的便利。

养蜂生产者在国内转地放蜂,凭国务院畜牧兽医行政主管部门统一格式印制的检疫合格证明运输蜂群,在检疫合格证明有效期内不得重复检疫。

第五章　畜禽交易与运输

第五十条　县级以上人民政府应当促进开放统一、竞争有序的畜禽交易市场建设。

县级以上人民政府畜牧兽医行政主管部门和其他有关主管部门应当组织搜集、整理、发布畜禽产销信息,为生产者提供信息服务。

第五十一条　县级以上地方人民政府根据农产品批发市场发展规划,对在畜禽集散地建立畜禽批发市场给予扶持。

畜禽批发市场选址,应当符合法律、行政法规和国务院畜牧兽医行政主管部门规定的动物防疫条件,并距离种畜禽场和大型畜禽养殖场三公里以外。

第五十二条　进行交易的畜禽必须符合国家技术规范的强制性要求。

国务院畜牧兽医行政主管部门规定应当加施标识而没有标识的畜禽,不得销售和收购。

第五十三条　运输畜禽,必须符合法律、行政法规和国务院畜牧兽医行政主管部门规定的动物防疫条件,采取措施保护畜禽安全,并为运输的畜禽提供必要的空间和饲喂饮水条件。

有关部门对运输中的畜禽进行检查,应当有法律、行政法规的依据。

第六章　质量安全保障

第五十四条　县级以上人民政府应当组织畜牧兽医行政主管部门和其他有关主管部门,依照本法和有关法律、行政法规的规定,加强对畜禽饲养环境、种畜禽质量、饲料和兽药等投入品的使用以及畜禽交易与运输的监督管理。

第五十五条　国务院畜牧兽医行政主管部门应当制定畜禽标识和养殖档案管理办法,采取措施落实畜禽产品质量责任追究制度。

第五十六条　县级以上人民政府畜牧兽医行政主管部门应当制定畜禽质量安全监督检查计划,按计划开展监督抽查工作。

第五十七条　省级以上人民政府畜牧兽医行政主管部门应当组织制定畜禽生产规范,指导畜禽的安全生产。

第七章　法律责任

第五十八条　违反本法第十三条第二款规定,擅自处理受保护的畜禽遗传资源,造成畜禽遗传资源损失的,由省级以上人民政府畜牧兽医行政主管部门处五万元以上五十万元以下罚款。

第五十九条　违反本法有关规定,有下列行为之一的,由省级以上人民政府畜牧兽医行政主管部门责令停止违法行为,没收畜禽遗传资源和违法所得,并处一万元以上五万元以下罚款:

(一)未经审核批准,从境外引进畜禽遗传资源的;

(二)未经审核批准,在境内与境外机构、个人合作研究利用列入保护名录的畜禽遗传资源的;

(三)在境内与境外机构、个人合作研究利用未经国家畜禽遗传资源委员会鉴定的新发现的畜禽遗传资源的。

第六十条　未经国务院畜牧兽医行政主管部门批准,向境外输出畜禽遗传资源的,依照《中华人民共和国海关法》的有关规定追究法律责任。海关应当将扣留的畜禽遗传资源移送省级人民政府畜牧兽医行政主管部门处理。

第六十一条 违反本法有关规定,销售、推广未经审定或者鉴定的畜禽品种的,由县级以上人民政府畜牧兽医行政主管部门责令停止违法行为,没收畜禽和违法所得;违法所得在五万元以上的,并处违法所得一倍以上三倍以下罚款;没有违法所得或者违法所得不足五万元的,并处五千元以上五万元以下罚款。

第六十二条 违反本法有关规定,无种畜禽生产经营许可证或者违反种畜禽生产经营许可证的规定生产经营种畜禽的,转让、租借种畜禽生产经营许可证的,由县级以上人民政府畜牧兽医行政主管部门责令停止违法行为,没收违法所得;违法所得在三万元以上的,并处违法所得一倍以上三倍以下罚款;没有违法所得或者违法所得不足三万元的,并处三千元以上三万元以下罚款。违反种畜禽生产经营许可证的规定生产经营种畜禽或者转让、租借种畜禽生产经营许可证,情节严重的,并处吊销种畜禽生产经营许可证。

第六十三条 违反本法第二十八条规定的,依照《中华人民共和国广告法》的有关规定追究法律责任。

第六十四条 违反本法有关规定,使用的种畜禽不符合种用标准的,由县级以上地方人民政府畜牧兽医行政主管部门责令停止违法行为,没收违法所得;违法所得在五千元以上的,并处违法所得一倍以上二倍以下罚款;没有违法所得或者违法所得不足五千元的,并处一千元以上五千元以下罚款。

第六十五条 销售种畜禽有本法第三十条第一项至第四项违法行为之一的,由县级以上人民政府畜牧兽医行政主管部门或者工商行政管理部门责令停止销售,没收违法销售的畜禽和违法所得;违法所得在五万元以上的,并处违法所得一倍以上五倍以下罚款;没有违法所得或者违法所得不足五万元的,并处五千元以上五万元以下罚款;情节严重的,并处吊销种畜禽生产经营许可证或者营业执照。

第六十六条 违反本法第四十一条规定,畜禽养殖场未建立养殖档案的,或者未按照规定保存养殖档案的,由县级以上人民政府畜牧兽医行政主管部门责令限期改正,可以处一万元以下罚款。

第六十七条 违反本法第四十三条规定养殖畜禽的,依照有关法律、行政法规的规定处罚。

第六十八条 违反本法有关规定,销售的种畜禽未附具种畜禽合格证明、检疫合格证明、家畜系谱的,销售、收购国务院畜牧兽医行政主管部门规定应当加施标识而没有标识的畜禽的,或者重复使用畜禽标识的,由县级以上地方人民政府畜牧兽医行政主管部门或者工商行政管理部门责令改正,可以处两千元以下罚款。

违反本法有关规定,使用伪造、变造的畜禽标识的,由县级以上人民政府畜牧兽医行政主管部门没收伪造、变造的畜禽标识和违法所得,并处三千元以上三万元以下罚款。

第六十九条 销售不符合国家技术规范的强制性要求的畜禽的,由县级以上地方人民政府畜牧兽医行政主管部门或者工商行政管理部门责令停止违法行为,没收违法销售的畜禽和违法所得,并处违法所得一倍以上三倍以下罚款;情节严重的,由工商行政管理部门并处吊销营业执照。

第七十条　畜牧兽医行政主管部门的工作人员利用职务上的便利,收受他人财物或者谋取其他利益,对不符合法定条件的单位、个人核发许可证或者有关批准文件,不履行监督职责,或者发现违法行为不予查处的,依法给予行政处分。

第七十一条　违反本法规定,构成犯罪的,依法追究刑事责任。

第八章　附　则

第七十二条　本法所称畜禽遗传资源,是指畜禽及其卵子(蛋)、胚胎、精液、基因物质等遗传材料。

本法所称种畜禽,是指经过选育、具有种用价值、适于繁殖后代的畜禽及其卵子(蛋)、胚胎、精液等。

第七十三条　本法自2006年7月1日起施行。

饲料和饲料添加剂管理条例

(1999年5月29日中华人民共和国国务院令第266号发布　根据2001年11月29日《国务院关于修改〈饲料和饲料添加剂管理条例〉的决定》修订　2011年10月26日国务院第177次常务会议修订通过)

第一章　总　则

第一条　为了加强对饲料、饲料添加剂的管理,提高饲料、饲料添加剂的质量,保障动物产品质量安全,维护公众健康,制定本条例。

第二条　本条例所称饲料,是指经工业化加工、制作的供动物食用的产品,包括单一饲料、添加剂预混合饲料、浓缩饲料、配合饲料和精料补充料。

本条例所称饲料添加剂,是指在饲料加工、制作、使用过程中添加的少量或者微量物质,包括营养性饲料添加剂和一般饲料添加剂。

饲料原料目录和饲料添加剂品种目录由国务院农业行政主管部门制定并公布。

第三条 国务院农业行政主管部门负责全国饲料、饲料添加剂的监督管理工作。

县级以上地方人民政府负责饲料、饲料添加剂管理的部门(以下简称饲料管理部门),负责本行政区域饲料、饲料添加剂的监督管理工作。

第四条 县级以上地方人民政府统一领导本行政区域饲料、饲料添加剂的监督管理工作,建立健全监督管理机制,保障监督管理工作的开展。

第五条 饲料、饲料添加剂生产企业、经营者应当建立健全质量安全制度,对其生产、经营的饲料、饲料添加剂的质量安全负责。

第六条 任何组织或者个人有权举报在饲料、饲料添加剂生产、经营、使用过程中违反本条例的行为,有权对饲料、饲料添加剂监督管理工作提出意见和建议。

第二章　审定和登记

第七条 国家鼓励研制新饲料、新饲料添加剂。

研制新饲料、新饲料添加剂,应当遵循科学、安全、有效、环保的原则,保证新饲料、新饲料添加剂的质量安全。

第八条 研制的新饲料、新饲料添加剂投入生产前,研制者或者生产企业应当向国务院农业行政主管部门提出审定申请,并提供该新饲料、新饲料添加剂的样品和下列资料:

(一)名称、主要成分、理化性质、研制方法、生产工艺、质量标准、检测方法、检验报告、稳定性试验报告、环境影响报告和污染防治措施;

(二)国务院农业行政主管部门指定的试验机构出具的该新饲料、新饲料添加剂的饲喂效果、残留消解动态以及毒理学安全性评价报告。

申请新饲料添加剂审定的,还应当说明该新饲料添加剂的添加目的、使用方法,并提供该饲料添加剂残留可能对人体健康造成影响的分析评价报告。

第九条 国务院农业行政主管部门应当自受理申请之日起5个工作日内,将新饲料、新饲料添加剂的样品和申请资料交全国饲料评审委员会,对该新饲料、新饲料添加剂的安全性、有效性及其对环境的影响进行评审。

全国饲料评审委员会由养殖、饲料加工、动物营养、毒理、药理、代谢、卫生、化工合成、生物技术、质量标准、环境保护、食品安全风险评估等方面的专家组成。全国饲料评审委员会对新饲料、新饲料添加剂的评审采取评审会议的形式,评审会议应当有9名以上全国饲料评审委员会专家参加，根据需要也可以邀请1至2名全国饲料评审委员会专家以外的专家参加，参加评审的专家对评审事项具有表决权。评审会议应当形成评审意见和会议纪要，并由参加评审的专家审核签字；有不同意见的，应当注明。参加评审的专家应当依法公平、公正履行职责，对评审资料保密，存在回避事由的，应当主动回避。

全国饲料评审委员会应当自收到新饲料、新饲料添加剂的样品和申请资料之日起9个月内出具评审结果并提交国务院农业行政主管部门；但是，全国饲料评审委员会决定由申请人进行相关试验的，经国务院农业行政主管部门同意，评审时间可以延长3个月。

国务院农业行政主管部门应当自收到评审结果之日起10个工作日内作出是否核发新饲料、新饲料添加剂证书的决定；决定不予核发的，应当书面通知申请人并说明理由。

第十条 国务院农业行政主管部门核发新饲料、新饲料添加剂证书，应当同时按照职责权限公布该新饲料、新饲料添加剂的产品质量标准。

第十一条 新饲料、新饲料添加剂的监测期为5年。新饲料、新饲料添加剂处于监测期的，不受理其他就该新饲料、新饲料添加剂的生产申请和进口登记申请，但超过3年不投入生产的除外。

生产企业应当收集处于监测期的新饲料、新饲料添加剂的质量稳定性及其对动物产品质量安全的影响等信息，并向国务院农业行政主管部门报告；国务院农业行政主管部门应当对新饲料、新饲料添加剂的质量安全状况组织跟踪监测，证实其存在安全问题的，应当撤销新饲料、新饲料添加剂证书并予以公告。

第十二条 向中国出口中国境内尚未使用但出口国已经批准生产和使用的饲料、饲料添加剂的，应当委托中国境内代理机构向国务院农业行政主管部门申请登记，并提供该饲料、饲料添加剂的样品和下列资料：

（一）商标、标签和推广应用情况；

（二）生产地批准生产、使用的证明和生产地以外其他国家、地区的登记资料；

（三）主要成分、理化性质、研制方法、生产工艺、质量标准、检测方法、检验报告、稳定性试验报告、环境影响报告和污染防治措施；

（四）国务院农业行政主管部门指定的试验机构出具的该饲料、饲料添加剂的饲喂效果、残留消解动态以及毒理学安全性评价报告。

申请饲料添加剂进口登记的，还应当说明该饲料添加剂的添加目的、使用方法，并提供该饲料添加剂残留可能对人体健康造成影响的分析评价报告。

国务院农业行政主管部门应当依照本条例第九条规定的新饲料、新饲料添加剂的评审程序组织评审，并决定是否核发饲料、饲料添加剂进口登记证。

首次向中国出口中国境内已经使用且出口国已经批准生产和使用的饲料、饲料添加剂的，应当依照本条第一款、第二款的规定申请登记。国务院农业行政主管部门应当自受理申请之日起10个工作日内对申请资料进行审查；审查合格的，将样品交由指定的机构进行复核检测；

复核检测合格的，国务院农业行政主管部门应当在10个工作日内核发饲料、饲料添加剂进口登记证。

饲料、饲料添加剂进口登记证有效期为5年。进口登记证有效期满需要继续向中国出口饲料、饲料添加剂的，应当在有效期届满6个月前申请续展。

禁止进口未取得饲料、饲料添加剂进口登记证的饲料、饲料添加剂。

第十三条 国家对已经取得新饲料、新饲料添加剂证书或者饲料、饲料添加剂进口登记证的、含有新化合物的饲料、饲料添加剂的申请人提交的其自己所取得且未披露的试验数据和其他数据实施保护。

自核发证书之日起6年内，对其他申请人未经已取得新饲料、新饲料添加剂证书或者饲料、饲料添加剂进口登记证的申请人同意，使用前款规定的数据申请新饲料、新饲料添加剂审定或者饲料、饲料添加剂进口登记的，国务院农业行政主管部门不予审定或者登记；但是，其他申请人提交其自己所取得的数据的除外。

除下列情形外，国务院农业行政主管部门不得披露本条第一款规定的数据：

（一）公共利益需要；

（二）已采取措施确保该类信息不会被不正当地进行商业使用。

第三章 生产、经营和使用

第十四条 设立饲料、饲料添加剂生产企业，应当符合饲料工业发展规划和产业政策，并具备下列条件：

（一）有与生产饲料、饲料添加剂相适应的厂房、设备和仓储设施；

（二）有与生产饲料、饲料添加剂相适应的专职技术人员；

（三）有必要的产品质量检验机构、人员、设施和质量管理制度；

（四）有符合国家规定的安全、卫生要求的生产环境；

（五）有符合国家环境保护要求的污染防治措施；

（六）国务院农业行政主管部门制定的饲料、饲料添加剂质量安全管理规范规定的其他条件。

第十五条 申请设立饲料添加剂、添加剂预混合饲料生产企业，申请人应当向省、自治区、直辖市人民政府饲料管理部门提出申请。省、自治区、直辖市人民政府饲料管理部门应当自受理申请之日起20个工作日内进行书面审查和现场审核，并将相关资料和审查、审核意见上报国务院农业行政主管部门。国务院农业行政主管部门收到资料和审查、审核意见后应当组织评审，根据评审结果在10个工作日内作出是否核发生产许可证的决定，并将决定抄送省、自治区、直辖市人民政府饲料管理部门。

申请设立其他饲料生产企业,申请人应当向省、自治区、直辖市人民政府饲料管理部门提出申请。省、自治区、直辖市人民政府饲料管理部门应当自受理申请之日起10个工作日内进行书面审查;审查合格的,组织进行现场审核,并根据审核结果在10个工作日内作出是否核发生产许可证的决定。

申请人凭生产许可证办理工商登记手续。

生产许可证有效期为5年。生产许可证有效期满需要继续生产饲料、饲料添加剂的,应当在有效期届满6个月前申请续展。

第十六条　饲料添加剂、添加剂预混合饲料生产企业取得国务院农业行政主管部门核发的生产许可证后,由省、自治区、直辖市人民政府饲料管理部门按照国务院农业行政主管部门的规定,核发相应的产品批准文号。

第十七条　饲料、饲料添加剂生产企业应当按照国务院农业行政主管部门的规定和有关标准,对采购的饲料原料、单一饲料、饲料添加剂、药物饲料添加剂、添加剂预混合饲料和用于饲料添加剂生产的原料进行查验或者检验。

饲料生产企业使用限制使用的饲料原料、单一饲料、饲料添加剂、药物饲料添加剂、添加剂预混合饲料生产饲料的,应当遵守国务院农业行政主管部门的限制性规定。禁止使用国务院农业行政主管部门公布的饲料原料目录、饲料添加剂品种目录和药物饲料添加剂品种目录以外的任何物质生产饲料。

饲料、饲料添加剂生产企业应当如实记录采购的饲料原料、单一饲料、饲料添加剂、药物饲料添加剂、添加剂预混合饲料和用于饲料添加剂生产的原料的名称、产地、数量、保质期、许可证明文件编号、质量检验信息、生产企业名称或者供货者名称及其联系方式、进货日期等。记录保存期限不得少于2年。

第十八条　饲料、饲料添加剂生产企业,应当按照产品质量标准以及国务院农业行政主管部门制定的饲料、饲料添加剂质量安全管理规范和饲料添加剂安全使用规范组织生产,对生产过程实施有效控制并实行生产记录和产品留样观察制度。

第十九条　饲料、饲料添加剂生产企业应当对生产的饲料、饲料添加剂进行产品质量检验;检验合格的,应当附具产品质量检验合格证。未经产品质量检验、检验不合格或者未附具产品质量检验合格证的,不得出厂销售。

饲料、饲料添加剂生产企业应当如实记录出厂销售的饲料、饲料添加剂的名称、数量、生产日期、生产批次、质量检验信息、购货者名称及其联系方式、销售日期等。记录保存期限不得少于2年。

第二十条　出厂销售的饲料、饲料添加剂应当包装,包装应当符合国家有关安全、卫生的规定。

饲料生产企业直接销售给养殖者的饲料可以使用罐装车运输。罐装车应当符合国家有关

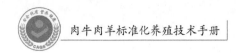

安全、卫生的规定,并随罐装车附具符合本条例第二十一条规定的标签。

易燃或者其他特殊的饲料、饲料添加剂的包装应当有警示标志或者说明,并注明储运注意事项。

第二十一　条饲料、饲料添加剂的包装上应当附具标签。标签应当以中文或者适用符号标明产品名称、原料组成、产品成分分析保证值、净重或者净含量、贮存条件、使用说明、注意事项、生产日期、保质期、生产企业名称以及地址、许可证明文件编号和产品质量标准等。加入药物饲料添加剂的,还应当标明"加入药物饲料添加剂"字样,并标明其通用名称、含量和休药期。乳和乳制品以外的动物源性饲料,还应当标明"本产品不得饲喂反刍动物"字样。

第二十二条　饲料、饲料添加剂经营者应当符合下列条件:

(一)有与经营饲料、饲料添加剂相适应的经营场所和仓储设施;

(二)有具备饲料、饲料添加剂使用、贮存等知识的技术人员;

(三)有必要的产品质量管理和安全管理制度。

第二十三条　饲料、饲料添加剂经营者进货时应当查验产品标签、产品质量检验合格证和相应的许可证明文件。

饲料、饲料添加剂经营者不得对饲料、饲料添加剂进行拆包、分装,不得对饲料、饲料添加剂进行再加工或者添加任何物质。

禁止经营用国务院农业行政主管部门公布的饲料原料目录、饲料添加剂品种目录和药物饲料添加剂品种目录以外的任何物质生产的饲料。

饲料、饲料添加剂经营者应当建立产品购销台账,如实记录购销产品的名称、许可证明文件编号、规格、数量、保质期、生产企业名称或者供货者名称及其联系方式、购销时间等。购销台账保存期限不得少于2年。

第二十四条　向中国出口的饲料、饲料添加剂应当包装,包装应当符合中国有关安全、卫生的规定,并附具符合本条例第二十一条规定的标签。

向中国出口的饲料、饲料添加剂应当符合中国有关检验检疫的要求,由出入境检验检疫机构依法实施检验检疫,并对其包装和标签进行核查。包装和标签不符合要求的,不得入境。

境外企业不得直接在中国销售饲料、饲料添加剂。境外企业在中国销售饲料、饲料添加剂的,应当依法在中国境内设立销售机构或者委托符合条件的中国境内代理机构销售。

第二十五条　养殖者应当按照产品使用说明和注意事项使用饲料。在饲料或者动物饮用水中添加饲料添加剂的,应当符合饲料添加剂使用说明和注意事项的要求,遵守国务院农业行政主管部门制定的饲料添加剂安全使用规范。

养殖者使用自行配制的饲料的,应当遵守国务院农业行政主管部门制定的自行配制饲料使用规范,并不得对外提供自行配制的饲料。

使用限制使用的物质养殖动物的,应当遵守国务院农业行政主管部门的限制性规定。禁止在饲料、动物饮用水中添加国务院农业行政主管部门公布禁用的物质以及对人体具有直接或者潜在危害的其他物质，或者直接使用上述物质养殖动物。禁止在反刍动物饲料中添加乳和乳制品以外的动物源性成分。

第二十六条　国务院农业行政主管部门和县级以上地方人民政府饲料管理部门应当加强饲料、饲料添加剂质量安全知识的宣传，提高养殖者的质量安全意识，指导养殖者安全、合理使用饲料、饲料添加剂。

第二十七条　饲料、饲料添加剂在使用过程中被证实对养殖动物、人体健康或者环境有害的，由国务院农业行政主管部门决定禁用并予以公布。

第二十八条　饲料、饲料添加剂生产企业发现其生产的饲料、饲料添加剂对养殖动物、人体健康有害或者存在其他安全隐患的，应当立即停止生产，通知经营者、使用者，向饲料管理部门报告，主动召回产品，并记录召回和通知情况。召回的产品应当在饲料管理部门监督下予以无害化处理或者销毁。

饲料、饲料添加剂经营者发现其销售的饲料、饲料添加剂具有前款规定情形的，应当立即停止销售，通知生产企业、供货者和使用者，向饲料管理部门报告，并记录通知情况。

养殖者发现其使用的饲料、饲料添加剂具有本条第一款规定情形的，应当立即停止使用，通知供货者，并向饲料管理部门报告。

第二十九条　禁止生产、经营、使用未取得新饲料、新饲料添加剂证书的新饲料、新饲料添加剂以及禁用的饲料、饲料添加剂。

禁止经营、使用无产品标签、无生产许可证、无产品质量标准、无产品质量检验合格证的饲料、饲料添加剂。禁止经营、使用无产品批准文号的饲料添加剂、添加剂预混合饲料。禁止经营、使用未取得饲料、饲料添加剂进口登记证的进口饲料、进口饲料添加剂。

第三十条　禁止对饲料、饲料添加剂作具有预防或者治疗动物疾病作用的说明或者宣传。但是，饲料中添加药物饲料添加剂的，可以对所添加的药物饲料添加剂的作用加以说明。

第三十一条　国务院农业行政主管部门和省、自治区、直辖市人民政府饲料管理部门应当按照职责权限对全国或者本行政区域饲料、饲料添加剂的质量安全状况进行监测，并根据监测情况发布饲料、饲料添加剂质量安全预警信息。

第三十二条　国务院农业行政主管部门和县级以上地方人民政府饲料管理部门，应当根据需要定期或者不定期组织实施饲料、饲料添加剂监督抽查；饲料、饲料添加剂监督抽查检测工作由国务院农业行政主管部门或者省、自治区、直辖市人民政府饲料管理部门指定的具有相应技术条件的机构承担。饲料、饲料添加剂监督抽查不得收费。

国务院农业行政主管部门和省、自治区、直辖市人民政府饲料管理部门应当按照职责权限公布监督抽查结果，并可以公布具有不良记录的饲料、饲料添加剂生产企业、经营者名单。

第三十三条　县级以上地方人民政府饲料管理部门应当建立饲料、饲料添加剂监督管理档案，记录日常监督检查、违法行为查处等情况。

第三十四条 国务院农业行政主管部门和县级以上地方人民政府饲料管理部门在监督检查中可以采取下列措施：

（一）对饲料、饲料添加剂生产、经营、使用场所实施现场检查；

（二）查阅、复制有关合同、票据、账簿和其他相关资料；

（三）查封、扣押有证据证明用于违法生产饲料的饲料原料、单一饲料、饲料添加剂、药物饲料添加剂、添加剂预混合饲料，用于违法生产饲料添加剂的原料，用于违法生产饲料、饲料添加剂的工具、设施，违法生产、经营、使用的饲料、饲料添加剂；

（四）查封违法生产、经营饲料、饲料添加剂的场所。

第四章　法律责任

第三十五条 国务院农业行政主管部门、县级以上地方人民政府饲料管理部门或者其他依照本条例规定行使监督管理权的部门及其工作人员，不履行本条例规定的职责或者滥用职权、玩忽职守、徇私舞弊的，对直接负责的主管人员和其他直接责任人员，依法给予处分；直接负责的主管人员和其他直接责任人员构成犯罪的，依法追究刑事责任。

第三十六条 提供虚假的资料、样品或者采取其他欺骗方式取得许可证明文件的，由发证机关撤销相关许可证明文件，处5万元以上10万元以下罚款，申请人3年内不得就同一事项申请行政许可。以欺骗方式取得许可证明文件给他人造成损失的，依法承担赔偿责任。

第三十七条 假冒、伪造或者买卖许可证明文件的，由国务院农业行政主管部门或者县级以上地方人民政府饲料管理部门按照职责权限收缴或者吊销、撤销相关许可证明文件；构成犯罪的，依法追究刑事责任。

第三十八条 未取得生产许可证生产饲料、饲料添加剂的，由县级以上地方人民政府饲料管理部门责令停止生产，没收违法所得、违法生产的产品和用于违法生产饲料的饲料原料、单一饲料、饲料添加剂、药物饲料添加剂、添加剂预混合饲料以及用于违法生产饲料添加剂的原料，违法生产的产品货值金额不足1万元的，并处1万元以上5万元以下罚款，货值金额1万元以上的，并处货值金额5倍以上10倍以下罚款；情节严重的，没收其生产设备，生产企业的主要负责人和直接负责的主管人员10年内不得从事饲料、饲料添加剂生产、经营活动。

已经取得生产许可证，但不再具备本条例第十四条规定的条件而继续生产饲料、饲料添加剂的，由县级以上地方人民政府饲料管理部门责令停止生产、限期改正，并处1万元以上5万元以下罚款；逾期不改正的，由发证机关吊销生产许可证。

已经取得生产许可证，但未取得产品批准文号而生产饲料添加剂、添加剂预混合饲料的，由县级以上地方人民政府饲料管理部门责令停止生产，没收违法所得、违法生产的产品和用于违法生产饲料的饲料原料、单一饲料、饲料添加剂、药物饲料添加剂以及用于违法生产饲料添加剂的原料,限期补办产品批准文号,并处违法生产的产品货值金额1倍以上3倍以下罚款;情节严重的,由发证机关吊销生产许可证。

第三十九条 饲料、饲料添加剂生产企业有下列行为之一的,由县级以上地方人民政府饲料管理部门责令改正,没收违法所得、违法生产的产品和用于违法生产饲料的饲料原料、单一饲料、饲料添加剂、药物饲料添加剂、添加剂预混合饲料以及用于违法生产饲料添加剂的原料,违法生产的产品货值金额不足1万元的,并处1万元以上5万元以下罚款,货值金额1万元以上的,并处货值金额5倍以上10倍以下罚款;情节严重的,由发证机关吊销、撤销相关许可证明文件,生产企业的主要负责人和直接负责的主管人员10年内不得从事饲料、饲料添加剂生产、经营活动;构成犯罪的,依法追究刑事责任:

(一)使用限制使用的饲料原料、单一饲料、饲料添加剂、药物饲料添加剂、添加剂预混合饲料生产饲料,不遵守国务院农业行政主管部门的限制性规定的;

(二)使用国务院农业行政主管部门公布的饲料原料目录、饲料添加剂品种目录和药物饲料添加剂品种目录以外的物质生产饲料的;

(三)生产未取得新饲料、新饲料添加剂证书的新饲料、新饲料添加剂或者禁用的饲料、饲料添加剂的。

第四十条 饲料、饲料添加剂生产企业有下列行为之一的,由县级以上地方人民政府饲料管理部门责令改正,处1万元以上2万元以下罚款;拒不改正的,没收违法所得、违法生产的产品和用于违法生产饲料的饲料原料、单一饲料、饲料添加剂、药物饲料添加剂、添加剂预混合饲料以及用于违法生产饲料添加剂的原料,并处5万元以上10万元以下罚款;情节严重的,责令停止生产,可以由发证机关吊销、撤销相关许可证明文件:

(一)不按照国务院农业行政主管部门的规定和有关标准对采购的饲料原料、单一饲料、饲料添加剂、药物饲料添加剂、添加剂预混合饲料和用于饲料添加剂生产的原料进行查验或者检验的;

(二)饲料、饲料添加剂生产过程中不遵守国务院农业行政主管部门制定的饲料、饲料添加剂质量安全管理规范和饲料添加剂安全使用规范的;

(三)生产的饲料、饲料添加剂未经产品质量检验的。

第四十一条 饲料、饲料添加剂生产企业不依照本条例规定实行采购、生产、销售记录制度或者产品留样观察制度的,由县级以上地方人民政府饲料管理部门责令改正,处1万元以上2万元以下罚款;拒不改正的,没收违法所得、违法生产的产品和用于违法生产饲料的饲料原料、单一饲料、饲料添加剂、药物饲料添加剂、添加剂预混合饲料以及用于违法生产饲料添加剂的原料,处2万元以上5万元以下罚款,并可以由发证机关吊销、撤销相关许可证明文件。

饲料、饲料添加剂生产企业销售的饲料、饲料添加剂未附具产品质量检验合格证或者包装、标签不符合规定的,由县级以上地方人民政府饲料管理部门责令改正;情节严重的,没收违法所得和违法销售的产品,可以处违法销售的产品货值金额30%以下罚款。

第四十二条 不符合本条例第二十二条规定的条件经营饲料、饲料添加剂的,由县级人民政府饲料管理部门责令限期改正;逾期不改正的,没收违法所得和违法经营的产品,违法经营的产品货值金额不足1万元的,并处2000元以上2万元以下罚款,货值金额1万元以上的,并处货值金额2倍以上5倍以下罚款;情节严重的,责令停止经营,并通知工商行政管理部门,由工商行政管理部门吊销营业执照。

第四十三条 饲料、饲料添加剂经营者有下列行为之一的,由县级人民政府饲料管理部门责令改正,没收违法所得和违法经营的产品,违法经营的产品货值金额不足1万元的,并处2000元以上2万元以下罚款,货值金额1万元以上的,并处货值金额2倍以上5倍以下罚款;情节严重的,责令停止经营,并通知工商行政管理部门,由工商行政管理部门吊销营业执照;构成犯罪的,依法追究刑事责任:

(一)对饲料、饲料添加剂进行再加工或者添加物质的;

(二)经营无产品标签、无生产许可证、无产品质量检验合格证的饲料、饲料添加剂的;

(三)经营无产品批准文号的饲料添加剂、添加剂预混合饲料的;

(四)经营用国务院农业行政主管部门公布的饲料原料目录、饲料添加剂品种目录和药物饲料添加剂品种目录以外的物质生产的饲料的;

(五)经营未取得新饲料、新饲料添加剂证书的新饲料、新饲料添加剂或者未取得饲料、饲料添加剂进口登记证的进口饲料、进口饲料添加剂以及禁用的饲料、饲料添加剂的。

第四十四条 饲料、饲料添加剂经营者有下列行为之一的,由县级人民政府饲料管理部门责令改正,没收违法所得和违法经营的产品,并处2000元以上1万元以下罚款:

(一)对饲料、饲料添加剂进行拆包、分装的;

(二)不依照本条例规定实行产品购销台账制度的;

(三)经营的饲料、饲料添加剂失效、霉变或者超过保质期的。

第四十五条 对本条例第二十八条规定的饲料、饲料添加剂,生产企业不主动召回的,由县级以上地方人民政府饲料管理部门责令召回,并监督生产企业对召回的产品予以无害化处理或者销毁;情节严重的,没收违法所得,并处应召回的产品货值金额1倍以上3倍以下罚款,可以由发证机关吊销、撤销相关许可证明文件;生产企业对召回的产品不予以无害化处理或者销毁的,由县级人民政府饲料管理部门代为销毁,所需费用由生产企业承担。

对本条例第二十八条规定的饲料、饲料添加剂,经营者不停止销售的,由县级以上地方人民政府饲料管理部门责令停止销售;拒不停止销售的,没收违法所得,处1000元以上5万元以下罚款;情节严重的,责令停止经营,并通知工商行政管理部门,由工商行政管理部门吊销营业执照。

第四十六条 饲料、饲料添加剂生产企业、经营者有下列行为之一的,由县级以上地方人民政府饲料管理部门责令停止生产、经营,没收违法所得和违法生产、经营的产品,违法生产、经营的产品货值金额不足1万元的,并处2000元以上2万元以下罚款,货值金额1万元以上的,并处货值金额2倍以上5倍以下罚款;构成犯罪的,依法追究刑事责任:

(一)在生产、经营过程中,以非饲料、非饲料添加剂冒充饲料、饲料添加剂或者以此种饲料、饲料添加剂冒充他种饲料、饲料添加剂的;

(二)生产、经营无产品质量标准或者不符合产品质量标准的饲料、饲料添加剂的;

(三)生产、经营的饲料、饲料添加剂与标签标示的内容不一致的。

饲料、饲料添加剂生产企业有前款规定的行为,情节严重的,由发证机关吊销、撤销相关许可证明文件;饲料、饲料添加剂经营者有前款规定的行为,情节严重的,通知工商行政管理部门,由工商行政管理部门吊销营业执照。

第四十七条 养殖者有下列行为之一的,由县级人民政府饲料管理部门没收违法使用的产品和非法添加物质,对单位处1万元以上5万元以下罚款,对个人处5000元以下罚款;构成犯罪的,依法追究刑事责任:

(一)使用未取得新饲料、新饲料添加剂证书的新饲料、新饲料添加剂或者未取得饲料、饲料添加剂进口登记证的进口饲料、进口饲料添加剂的;

(二)使用无产品标签、无生产许可证、无产品质量标准、无产品质量检验合格证的饲料、饲料添加剂的;

(三)使用无产品批准文号的饲料添加剂、添加剂预混合饲料的;

(四)在饲料或者动物饮用水中添加饲料添加剂,不遵守国务院农业行政主管部门制定的饲料添加剂安全使用规范的;

(五)使用自行配制的饲料,不遵守国务院农业行政主管部门制定的自行配制饲料使用规范的;

(六)使用限制使用的物质养殖动物,不遵守国务院农业行政主管部门的限制性规定的;

(七)在反刍动物饲料中添加乳和乳制品以外的动物源性成分的。

在饲料或者动物饮用水中添加国务院农业行政主管部门公布禁用的物质以及对人体具有直接或者潜在危害的其他物质,或者直接使用上述物质养殖动物的,由县级以上地方人民政府饲料管理部门责令其对饲喂了违禁物质的动物进行无害化处理,处3万元以上10万元以下罚款;构成犯罪的,依法追究刑事责任。

第四十八条 养殖者对外提供自行配制的饲料的,由县级人民政府饲料管理部门责令改正,处2000元以上2万元以下罚款。

第五章 附 则

第四十九条 本条例下列用语的含义:

(一)饲料原料,是指来源于动物、植物、微生物或者矿物质,用于加工制作饲料但不属于饲料添加剂的饲用物质。

(二)单一饲料,是指来源于一种动物、植物、微生物或者矿物质,用于饲料产品生产的饲料。

(三)添加剂预混合饲料,是指由两种(类)或者两种(类)以上营养性饲料添加剂为主,与载体或者稀释剂按照一定比例配制的饲料,包括复合预混合饲料、微量元素预混合饲料、维生素预混合饲料。

(四)浓缩饲料,是指主要由蛋白质、矿物质和饲料添加剂按照一定比例配制的饲料。

(五)配合饲料,是指根据养殖动物营养需要,将多种饲料原料和饲料添加剂按照一定比例配制的饲料。

(六)精料补充料,是指为补充草食动物的营养,将多种饲料原料和饲料添加剂按照一定比例配制的饲料。

(七)营养性饲料添加剂,是指为补充饲料营养成分而掺入饲料中的少量或者微量物质,包括饲料级氨基酸、维生素、矿物质微量元素、酶制剂、非蛋白氮等。

(八)一般饲料添加剂,是指为保证或者改善饲料品质、提高饲料利用率而掺入饲料中的少量或者微量物质。

(九)药物饲料添加剂,是指为预防、治疗动物疾病而掺入载体或者稀释剂的兽药的预混合物质。

(十)许可证明文件,是指新饲料、新饲料添加剂证书,饲料、饲料添加剂进口登记证,饲料、饲料添加剂生产许可证,饲料添加剂、添加剂预混合饲料产品批准文号。

第五十条 药物饲料添加剂的管理,依照《兽药管理条例》的规定执行。

第五十一条 本条例自2012年5月1日起施行。

第二节 相关的管理制度

苏木乡镇（街道办事处）农畜产品质量安全网格化管理工作指引

第一条 旗县农牧部门及苏木乡镇（街道办事处）农畜产品质量安全监管服务机构应当积极争取同级人民政府支持，协调同级财政部门将农畜产品质量安全苏木乡镇（街道办事处）网格化管理经费、购买服务经费等纳入财政预算。

第二条 旗县农牧部门应当加强对苏木乡镇（街道办事处）农畜产品质量安全网格化管理的统筹指导和监督管理，将苏木乡镇（街道办事处）农畜产品质量安全网格化管理纳入对苏木乡镇（街道办事处）的年度考核。

第三条 旗县农牧部门应当对监管员进行农畜产品质量安全监管方面的培训，包括相关法律法规、巡查检查内容、用药指导等内容。每年至少开展1次。

第四条 监管员应制订年度巡查检查计划，按照《乡镇农产品质量安全监管公共服务机构日常巡查工作规范（试行）》的要求对辖区内的生产主体开展日常巡查检查，每年至少2次，要覆盖辖区内全部主体。协管员（信息员）应当配合监管员开展日常巡查检查。

第五条 协管员（信息员）配合监管员按要求将主体名录录入"内蒙古智慧农牧业综合服务平台"。

第六条 监管员应在旗县农牧部门的指导下，在农畜产品生产企业、农牧民合作社、家庭农牧场生产基地醒目位置公示生产主体基本情况、质量安全责任人、质量安全承诺书及网格监管员、协管员（信息员）信息，张贴禁限用农药兽药名录等。

第七条 监管员应围绕苏木乡镇（街道办事处）农畜产品质量安全监管服务职责或协助旗县农牧部门对生产主体开展质量安全控制技术指导服务及培训宣传，每年至少组织1次指导培训。

第八条 监管员应对辖区内的农畜产品开展速测筛查，每个二级网格的农畜产品样品不应少于10个/年。

第九条 监管员应将巡查检查情况及时上传到"内蒙古智慧农牧业综合服务平台"。

第十条 各级农牧部门要及时把对农畜产品主体开展的监管检测情况上传至"内蒙古智慧农牧业综合服务平台"。

第十一条 完成其他农畜产品质量安全监管工作。

乡镇农产品质量安全监管公共服务
机构日常巡查工作规范(试行)

第一条 为规范乡镇农产品质量安全监管公共服务机构日常巡查工作,进一步压实属地责任,推进监管重心下移,保障农产品质量安全,依据《中华人民共和国农产品质量安全法》等有关法律法规,制定本规范。

第二条 本规范所称日常巡查指乡镇农产品质量安全监管公共服务机构对本辖区农产品生产主体生产操作合规性、农产品质量安全状况等实施的日常检查行为。

第三条 本规范所称农产品生产主体指农产品生产企业、农民合作社、家庭农场和具有一定规模的种植养殖户(具体标准由省级农业农村部门确定)等。

第四条 乡镇农产品质量安全监管公共服务机构应当建立本辖区农产品生产主体名录,做到监管对象底数清晰。对于农产品质量安全风险等级高、信用评级低的生产主体应纳入重点监管名录。生产主体名录信息至少每年更新1次,确保信息真实有效。

第五条 乡镇农产品质量安全监管公共服务机构应当制订年度日常巡查计划,辖区内生产主体日常巡查全覆盖,其中对农产品生产企业、农民合作社、家庭农场日常巡查频次不得低于2次/年,对具有一定规模的种植养殖户日常巡查频次不得低于1次/年,对规模较小的种植养殖户根据风险隐患情况进行重点抽查。对列入重点监管名录的生产主体,要加大日常巡查频次,在用药高峰期、农产品集中上市期,要增加日常巡查频次。

第六条 乡镇农产品质量安全监管公共服务机构日常巡查应当至少包含以下内容:

(一)生产记录制度落实情况;

(二)农业投入品购买管理情况;

(三)农药兽药使用情况,是否存在超范围、超剂量使用、不落实安全间隔期(休药期)制度等情形,是否存在违法违规使用禁限用药物、非法添加等情形;

(四)保鲜剂、防腐剂、添加剂等使用情况;

(五)农业投入品废弃物处置情况;

(六)食用农产品达标合格证和追溯凭证开具、使用情况;

(七)其他需要巡查的情况。

第七条 乡镇农产品质量安全监管公共服务机构在日常巡查过程中,发现农产品存在疑似风险隐患的,应当实施现场抽样,通过快速检测或委托定量检测进行研判确认。

第八条 乡镇农产品质量安全监管公共服务机构在日常巡查中发现农产品生产主体存在违法违规行为,情节较轻的,应当要求限期整改,并持续跟进;涉嫌违法的,应及时通报乡镇综合执法机构或向县级农业农村部门报告,按照有关法律法规要求处置。

第九条 乡镇农产品质量安全监管公共服务机构应当设立农产品质量安全服务和投诉

举报电话、邮箱等，畅通服务和投诉举报渠道，鼓励人民群众举报农产品生产中存在的违法违规行为，发挥社会监督作用。

第十条　县级农业农村部门应当加强乡镇农产品质量安全监管公共服务机构日常巡查工作的统筹指导和监督管理，将日常巡查工作纳入对乡镇农产品质量安全年度绩效考核范围。

第十一条　县级以上农业农村部门应当不定期对乡镇农产品质量安全监管公共服务机构日常巡查工作开展监督检查，未按照本规范要求落实属地日常巡查责任的，对乡镇监管机构主要负责人进行约谈，并督促限期整改，对整改仍不到位的，依照有关规定从严追究相关责任人责任。

第十二条　县级农业农村部门及乡镇农产品质量安全监管公共服务机构应当积极争取同级人民政府支持，协调同级财政部门将乡镇农产品质量安全日常巡查工作经费、购买服务经费等纳入财政预算，满足日常巡查工作需要。

第十三条　本规范自发布之日起试行。

农牧业投入品监督管理制度

1. 农牧业投入品包括农药、肥料、兽药、饲料及饲料添加剂，农灌水，各类保鲜剂、防腐剂、食品添加剂、色素、激素以及其他用于农牧业生产上的物质。

2. 农牧业生产经营者应当合理使用农牧业投入品，防止对农畜产品产地和产品造成污染。

3. 严禁农畜产品生产加工单位使用国家明令禁止使用的高毒高残留农药和不合格的农牧业投入品，不得购买无"三证"或"三证"不全的投入品。

4. 使用后的农业投入品包装物要及时回收，集中销毁处理，做到田园清洁干净。

5. 禁止使用不符合农灌水标准的污水、工业废水、医疗废水等灌溉农畜产品生产基地。

6. 农牧业投入品专门存放，堆码有序，专人保管，建立健全农牧业投入品购进和使用记录，并按照规定年限保存。

7. 合理选用高效低毒低残留农药、兽药和推荐使用的无公害农畜产品生产用药，严禁超标准、超限量使用农牧业投入品。

8. 严格控制药物使用安全间隔期（休药期），没有达到安全间隔期的农畜产品不得采收、捕捞、屠宰上市销售。

第七章　兽药及饲料常识

第一节　兽药基本常识

（一）什么是兽药

兽药，是指用于预防、治疗、诊断动物疾病或者有目的地调节动物生理机能的物质（含药物饲料添加剂），主要包括：血清制品、疫苗、诊断药制品、生物态制品、中药材、中成药、化学药品、抗生素、生化药品、放射性药品及外用杀虫剂、消毒剂等。

（二）什么叫兽药残留，什么是休药期

兽药残留是指动物产品的任何可食部分所含兽药的母体化合物及其代谢物，以及与兽药有关的杂质。兽药残留既包括原药，也包括药物在动物体内的代谢产物和兽药生产中所伴生的杂质。主要的残留兽药有抗生素类、磺胺类、呋喃类、抗寄生虫类和激素类药物和驱虫药类。兽药通常是通过在预防和防治动物疾病用药、在饲料添加剂中使用以及在食品保鲜中引入药物而带来食品的污染。

兽药休药期是指从畜禽停止给药到允许屠宰或允许其产品（蛋、乳）上市的间隔时间。药物进入动物机体后，要经过吸收、转运、转化和排泄过程，每种药物的代谢产物排出体内的周期都是不一样的，规定休药期可避免畜禽产品中药物的超量残留而危害人类健康。

（三）购买兽药应注意哪些问题

（1）选择有兽药生产许可证及兽药 GMP 证书的正规兽药企业生产且有农业农村部兽药批准文号的产品；

（2）选择有农业农村部兽药批准文号的且在有效期内的产品；

（3）选择产品包装完整，标签、说明书符合标准规范的产品；

（4）参照广告选择兽药时，必须选择有省、部审核的广告批准文号产品；

（5）不能购买（使用）农业农村部规定的违禁药品；

（6）进口兽药（包括兽用生物制品）必须有中文标签。

（四）兽药生产许可证、兽药GMP证书和兽药批准文号的有效期是多久

兽药生产许可证、兽药GMP证书和兽药批准文号的有效期均为 5 年。

（五）兽药的停药期一般为多久

兽药停药期在兽药标签说明书中都必须明确标注，停药期规定必须按兽药质量标准上注明的停药期执行。2003年5月，农业部第278号公告《兽药停药期规定》对202个品种兽药规定了停药期，大部分兽药的停药期一般按畜禽种类分可大致归纳为猪、牛7~35天，鸡7~28天，产蛋期禁用，同时还公布了不需要停药期的兽药品种92个，包括维生素类、消毒剂类等。

（六）兽药的保管贮存应注意哪些

兽药标签说明书中，都有明确规定兽药有保存要求，其贮存特别是兽用生物制品的保管贮存，应严格按照兽药标签上标注的贮存条件进行存放。一般分为密闭（遮光）干燥处保存、阴凉处保存、低温保存和冷冻保存。保存条件可能直接影响兽药产品的质量、性能和有效期。

（七）哪些兽药被禁止生产、经营和在畜禽养殖环节使用

（1）假兽药、劣兽药、无生产批号的兽药和国家明文规定禁止使用的兽药；

（2）无产品质量合格证的兽药；

（3）兽药包装没有标签的或标签不符合规定的兽药；

（4）未注明有效期的；

（5）兽药包装中没有说明书或说明书不符合规定的兽药；

（6）原料药直接分装用于添加、饲喂的；

（7）人用药；

（8）其他不符合兽药管理条例规定的。

（八）什么是假兽药

有以下情形之一的，为假兽药：

（1）以非兽药冒充兽药或者以他种兽药冒充此种兽药的；

（2）兽药所含成分的种类、名称与兽药国家标准不符合的；

有下列情形之一的，按照假兽药处理：

（1）国务院兽医行政管理部门规定禁止使用的；

（2）依照《兽药管理条例》规定应当经审查批准而未经审查批准即生产、进口的，或者依照《兽药管理条例》规定应当经抽查检验、审查核对而未经抽查检验、审查核对即销售、进口的；

（3）变质的；

（4）被污染的；

（5）所标明的适应症或者功能主治超过规定范围的。

（九）什么是劣兽药

有以下情形之一的，为劣兽药：

（1）成分含量不符合兽药国家标准或者不标明有效成分的；

（2）不标明或者更改有效期或者超过有效期的；

（3）不标明或者更改产品批号的；

（4）其他不符合兽药国家标准，但不属于假兽药的。

（十）什么是麻醉药品？包括哪些品种

麻醉药品是指连续使用易产生依赖性，能上瘾的药品。包括：阿片类阿片酊、阿片粉等，吗啡类如盐酸吗啡及其片、注射液等，可待因类如磷酸可待因及其片、注射液等，可卡因类如盐酸可卡因及其注射液等，合成药类如杜冷丁、芬太尼及其制剂等。兽用麻醉药品、精神药品的生产、经营和使用都必须严格按照农业农村部规定的要求执行，否则是非法行为。

（十一）活疫苗（冻干苗）在使用的过程当中应注意哪些事宜

冻干苗在使用过程中应当注意：

（1）制定科学合理的免疫程序。

（2）严格按照说明书使用，尤其是接种途径、动物日龄、健康状况。不同的疫苗有不同的接种途径，不同的疫苗对动物达到免疫保护的最佳接种日龄有不同的要求，动物接种疫苗时一定要在健康的状况下接种。因为疫苗由病毒或者细菌组成，所以，动物在接种前未用过任何抗病毒或者是抗细菌的药物。

（3）经饮水免疫时，用冷开水（忌用含氯等消毒剂及有害物质的水）将疫苗稀释，使用剂量加倍。

（4）经滴鼻或点眼免疫的，使用剂量按说明书即可，保证滴入鼻孔内。经饮水或喷雾免疫的，使用剂量加倍。

（5）饮水免疫前，动物最好提前停止喂水一段时间。

（十二）耐药性产生的原因及危害有哪些

耐药性系指微生物、寄生虫等对于化学药物作用的耐受性，耐药性一旦产生，药物的治疗作用就明显下降。耐药性根据其发生原因可分为获得耐药性和天然耐药性。自然界中的病原体，如细菌的某一株也可存在天然耐药性。当长期应用抗生素时，占多数的敏感菌株不断被杀灭，耐药菌株就大量繁殖，代替敏感菌株，而使细菌对该种药物的耐药率不断升高。目前认为后一种方式是产生耐药菌的主要原因。

近年来，随着规模化养殖业的兴起，养殖业对兽用抗菌药物的依赖日趋严重甚至出现"真药不治病，假药治百病"和"人药兽用"的现象。就短期利益而言，盲目加大剂量、多种抗菌药混用可达到较好的疗效，但就中、长期而言，这样做不但逐步提高了养殖成本，还可能导致超级耐药菌的大规模爆发。

第二节 禁限用兽药

一、禁止在饲料和动物饮用水中使用的药物品种

根据中华人民共和国农业农村部第176号公告，禁止在饲料和动物饮用水中使用的药物品种。使用的药物共5类40种。

1. 肾上腺素受体激动剂 盐酸克仑特罗、沙丁胺醇、硫酸沙丁胺醇、莱克多巴胺、盐酸多巴胺、西马特罗、硫酸特布他林。

2. 性激素 己烯雌酚、雌二醇、戊酸雌二醇、苯甲酸雌二醇、氯烯雌醚（Chlorotriansene）、炔诺醇、炔诺醚（Quinestml）、醋酸氯地孕酮、左炔诺孕酮、炔诺酮、绒毛膜促性腺激素（绒促性素）、促卵泡生长激素（尿促性素主要含卵泡刺激FSHT和黄体生成素LH）

3. 蛋白同化激素 碘化酪蛋白、苯丙酸诺龙及苯丙酸诺龙注射液。

4. 精神药品 （盐酸）氯丙嗪、盐酸异丙嗪、安定（地西泮）、苯巴比妥、苯巴比妥钠、巴比妥、异戊巴比妥、异戊巴比妥钠、利血平、艾司唑仑、甲丙氨酯、咪达唑仑、硝西泮、奥沙西泮、匹莫林、三唑仑、唑吡旦，其他国家管制的精神药品。

5. 各种抗生素滤渣。该类物质是抗生素类产品生产过程中产生的工业三废，因含有微量抗生素成分，在饲料和饲养过程中使用后对动物有一定的促生长作用。但对养殖业的危害很大，一是容易引起耐药性，二是由于未做安全性试验，存在各种安全隐患。

二、食品动物禁用的兽药及其他化合物清单

根据中华人民共和国农业部第193号公告，食品动物禁用的兽药及其他化合物见下表。

序号	兽药及其他化合物名称	禁止用途	禁用动物
1	β-兴奋剂类：克仑特罗（Clenbuterol）、沙丁胺醇（Salbutamol）、西马特罗（Cimaterol）及其盐、酯及制剂	所有用途	所有食品动物
2	性激素类：己烯雌酚（Diethybtilbestrol）及其盐、酯及制剂	所有用途	所有食品动物
3	具有雌激素样作用的物质：玉米赤霉醇（Zeranol）、去甲雄三烯醇酮（Trenbolone）、醋酸甲孕酮（Mengestrol Acetate）及制剂	所有用途	所有食品动物
4	氯霉素（Chloramp Henicol）及其盐、酯［包括：琥珀氯霉素（ChlorampHenicol Succinate）］及制剂	所有用途	所有食品动物
5	氨苯砜（Dapsone）及制剂	所有用途	所有食品动物

续表

序号	兽药及其他化合物名称	禁止用途	禁用动物
6	硝基呋喃类：呋喃唑酮（Furazolidone）、呋喃它酮（Furaltadone）、呋喃苯烯酸钠（Nifurstyrenate sodium）及制剂	所有用途	所有食品动物
7	硝基化合物：硝基酚钠（Sodium nitropHenolate）、硝呋烯胺（Nitrovin）及制剂	所有用途	所有食品动物
8	催眠、镇静类：安眠酮（Methaqualone）及制剂	所有用途	所有食品动物
9	林丹（丙体六六六）（Lindane）	杀虫剂	所有食品动物
10	毒杀芬（氯化烯）（Camahechlor）	杀虫剂、清塘剂	所有食品动物
11	呋喃丹（克百威）（Carbofuran）	杀虫剂	所有食品动物
12	杀虫脒（克死螨）（Chlordimeform）	杀虫剂	所有食品动物
13	双甲脒（Amitraz）	杀虫剂	水生食品动物
14	酒石酸锑钾（Antimony potassium tartrate）	杀虫剂	所有食品动物
15	锥虫胂胺（Tryparsamide）	杀虫剂	所有食品动物
16	孔雀石绿（Malachite green）	抗菌、杀虫剂	所有食品动物
17	五氯酚酸钠（Pentachlorophenol sodium）	杀螺剂	所有食品动物
18	各种汞制剂包括：氯化亚汞（甘汞）（Calomel）、硝酸亚汞（Mercurous nitrate）、醋酸汞（Mercurous acetate）、吡啶基醋酸汞（Pyridyl mercurous acetate）	杀虫剂	所有食品动物
19	性激素类：甲基睾丸酮（Methyltestosterone）、丙酸睾酮（Testosterone Propionate）、苯丙酸诺龙（Nandrolone Phenylpropi-onate）、苯甲酸雌二醇（Estradiol Benzoate）及其盐、酯及制剂	促生长	所有食品动物
20	催眠、镇静类：氯丙嗪（Chlorpromazine）、地西泮（安定）（Diazepam）及其盐、酯及制剂	促生长	所有食品动物
21	硝基咪唑类：甲硝唑（Metronidazole）、地美硝唑（Dimetronidazole）及其盐、酯及制剂	促生长	所有食品动物

三、禁止在饲料和动物饮水中使用的物质

根据中华人民共和国农业农村部第1519号公告，禁止在饲料和动物饮水中使用的物质包括以下几种：

1. 苯乙醇胺A（Phenylethanolamine A）：β-肾上腺素受体激动剂。

2. 班布特罗（Bambuterol）：β-肾上腺素受体激动剂。

3. 盐酸齐帕特罗（Zilpaterol Hydrochloride）：β-肾上腺素受体激动剂。

4. 盐酸氯丙那林（Clorprenaline Hydrochloride）：药典2010版二部P783。β-肾上腺素受体激动剂。

5. 马布特罗（Mabuterol）：β-肾上腺素受体激动剂。

6. 西布特罗（Cimbuterol）：β-肾上腺素受体激动剂。

7. 溴布特罗（Brombuterol）：β-肾上腺素受体激动剂。

8. 酒石酸阿福特罗（Arformoterol Tartrate）：长效型β-肾上腺素受体激动剂。

9. 富马酸福莫特罗（Formoterol Fumatrate）：长效型β-肾上腺素受体激动剂。

10. 盐酸可乐定（Clonidine Hydrochloride）：药典2010版二部P645。抗高血压药。

11. 盐酸赛庚啶（Cyproheptadine Hydrochloride）：药典2010版二部P803。抗组胺药。

四、停止生产洛美沙星、培氟沙星、氧氟沙星、诺氟沙量等4种原料药的各种盐、脂及其各种制剂

根据中华人民共和国农业农村部第2292号公告，禁止在食品动物中使用洛美沙星、培氟沙星、氧氟沙星、诺氟沙星等4种原料药的各种盐、脂及其各种制剂。

自2015年12月31日起，停止生产洛美沙星、培氟沙星、氧氟沙星、诺氟沙星等4种原料药的各种盐、脂及其各种制剂，涉及的相关企业的兽药产品批准文号同时注销。之前生产的产品，在2016年12月31日前可以流通使用。

第三节 饲料基本常识

（一）什么是药物饲料添加剂

药物饲料添加剂是指为预防动物疾病、促进动物生长而掺入载体或者稀释剂的兽药预混合物质。药物饲料添加剂应购买由兽药企业生产的兽药产品。

（二）饲料标签标准有何作用

饲料标签标准是我国强制性执行的标准，所有在市场上流通的饲料产品都应有饲料标签，没有标签的饲料产品是不符合国家要求的产品，质量没有保障，畜禽养殖场户不能购买。饲料标签是饲料生产企业对其产品作出的保证和使用指导，通过饲料标签上的内容，使用者可以了解到有关此饲料产品和如何正确使用该产品的所有重要信息。同时，也是判断该产品是否合格的重要依据。

（三）饲料标签上应有哪些内容

饲料标签应当以中文或者适用符号标明产品名称、原料组成、产品成分分析保证值、净重或者净含量、贮存条件、使用说明、注意事项、生产日期、保质期、生产企业名称以及地址、许可证明文件和产品质量标准编号等。饲料标签上应标有"本产品符合饲料卫生标准"字样。加入药物饲料添加剂的，还应当标明"加入药物饲料添加剂"字样，并标明其通用名称、含量和休药期。乳和乳制品以外的动物源性饲料，还应当标明"本产品不得饲喂反刍动物"字样。

（四）动物能否饲喂安眠类药物

不能。催眠、镇静剂类药物包括安眠酮、氯丙嗪、地西泮（安定）及制剂等。由于这些药物易在动物体内残留，而且代谢较慢。人食用了残留有这类药物的畜产品后会对身体健康造成危害，如嗜睡、肥胖、思维迟钝等症，因此，我国明令禁止在所有食品动物中添加催眠、镇静剂类药物。

（五）饲料中添加氯霉素等违禁药物有什么危害

氯霉素残留的潜在危害是对骨髓造血机能有抑制作用，引起人血细胞缺乏症、再生障碍性贫血和溶血性贫血，可产生致死效应。农业农村部明令禁止在食品动物生产中使用氯霉素。

（六）自配饲料与工业饲料有什么区别

自配饲料与商品饲料相比，在品质控制、质量方面有明显劣势，主要有以下区别：一是加工工艺简单，混合可能不均匀；二是配方不够合理，易造成营养不足或浪费；三是适口性差；四是储存时间短；五是原料和产品质量都得不到控制。

（七）养殖者的自配料能对外供应吗

养殖者使用自行配制生产饲料的，应当遵守国务院农业行政主管部门制定的自行配制饲料使用规范，并不得对外提供自行配制的饲料。

（八）养殖动物死亡一定是饲料出了问题吗

养殖过程中出现动物死亡不一定是饲料问题，死亡原因可能比较复杂，应综合判断分析。一是应立即停止使用疑似导致动物死亡的饲料，改用其他品牌饲料；二是保留饲料，通知生产企业到现场，共同取样；三是请兽医诊断动物疾病，必要时做动物尸检，出具检验报告和医治处方；四是委托有资质的专业检验机构检验样品，根据兽医建议和动物死亡原因，有针对性地选择检测项目；五是饲料产品和样品应在保质期内送检。

（九）为什么要严厉打击"瘦肉精"的生产和使用

鉴于"瘦肉精"对人体的严重危害性，我国已经采取了法律手段及其他严厉措施禁止"瘦肉精"的生产、销售和使用，收到了明显的效果。在生产、销售和使用的任何环节如被查出，不再仅仅是被巨额罚款，而是要追究刑事责任，是要坐牢的。

第四节　"瘦肉精"品种目录

盐酸克伦特罗（Clenbuterol Hydrochloride）

莱克多巴胺（Ractopamine）

沙丁胺醇（Salbutamol）

硫酸沙丁胺醇（Salbutamol Sulfate）

盐酸多巴胺（Dopamine Hydrochloride）

西马特罗（Cima terol）及其盐、酯及制剂

硫酸特布他林（Terbutaline Sulfate）

苯乙醇胺A（Phenylethanolamine A）

班布特罗（Bambuterol）

盐酸齐帕特罗（Zilpaterol Hydrochloride）

盐酸氯丙那林（Clorprenaline Hydrochloride）

马布特罗（Mabuterol）

西布特罗（Cimbuterol）

溴布特罗（Brombuterol）

酒石酸阿福特罗（Arformoterol Tartrate）

富马酸福莫特罗（Formoterol Fumatrate）

第八章　畜牧业品牌发展

第一节　"二品一标"农产品认证

（一）绿色食品

1. 什么是绿色食品

绿色食品是指遵循可持续发展原则，按照特定生产方式生产，经专门机构认定，许可使用绿色食品标志，无污染的安全、优质、营养类食品。

AA级绿色食品是指生产地的环境质量符合NY/T 391的要求，遵照绿色食品生产标准生产，生产过程中遵循自然规律和生态学原理，协调种植业和养殖业的平衡，不使用化学合成的肥料、农药、兽药、渔药、添加剂等物质，产品质量符合绿色食品产品标准，经专门机构许可使用绿色食品标志的产品。

A级绿色食品是指生产地的环境质量符合NY/T 391的要求，遵照绿色食品生产标准生产，生产过程中遵循自然规律和生态学原理，协调种植业和养殖业的平衡，限量使用限定的化学合成生产资料，产品质量符合绿色食品产品标准，经专门机构许可使用绿色食品标志的产品。

2. 绿色食品有哪些特征

绿色食品与普通食品相比有三个显著特征：

（1）产品出自良好生态环境。绿色食品生产从原料产地的生态环境入手，通过对原料产地及其周围的生态环境因子严格监测，判定其是否具备生产绿色食品的基础条件。

（2）产品实行全程质量控制。绿色食品采取"环境有监测，生产有规程，产品有检验，包装有标准，质量可追溯"的生产模式和"坚持标准，规范认证，强化监管，防范风险"的质量保障体系，确保绿色食品的整体产品质量，并提高整个生产过程的技术含量。

（3）产品兼备"安全、优质、营养"，体现了生命、资源、环境的协调。

3. 有害生物防治原则

绿色食品生产中有害生物的防治可遵循以下原则：

——以保持和优化农业生态系统为基础：建立有利于各类天敌繁衍和不利于病虫草害孳生的环境条件，提高生物多样性，维持农业生态系统的平衡。

——优先采用农业措施：如选用抗病虫品种、实施种子种苗检疫、培育壮苗、加强栽培管理、中耕除草、耕翻晒垡、清洁田园、轮作倒茬、间作套种等。

——尽量利用物理和生物措施：如温汤浸种控制种传病虫害，机械捕捉害虫，机械或人工除草，用灯光、色板、性诱剂和食物诱杀害虫，释放害虫天敌和稻田养鸭控制害虫等。

——必要时合理使用低风险农药：如没有足够有效的农业、物理和生物措施，在确保人员、产品和环境安全的前提下，合理使用低风险农药。

4. 绿色食品申请人需具备的条件包括哪些

申请人必须是企业法人，如食品加工企业、各级农业龙头企业和农民专业合作社等均可作为申请人。社会团体、民间组织、政府和行政机构等不可作为绿色食品的申请人。同时，要求申请人具备以下条件：

（1）具备绿色食品生产的环境条件和技术条件。

（2）生产具备一定规模，具有较完善的质量管理体系和较强的抗风险能力。

（3）加工企业须生产经营一年以上方可受理申请。

5. 哪些产品可以申请认证绿色食品

（1）绿色食品申请认证产品范围广泛，农产品和食品中的粮油、蔬菜瓜果、畜禽蛋奶、水产品、茶叶、食用菌等产品及加工品均可申请认证。具体按《商标注册用商品和服务国际分类》中的1、2、3、5、29、30、31、32、33等九大类中的大多数产品均可申请认证。

（2）以"食"或"健"字号登记的新开发产品可以申请认证。

（3）经卫生部公告既是药品也是食品的产品可以申请认证。

（4）暂不受理油炸方便面、叶菜类酱菜（盐渍品）、火腿肠及作用机理不甚清楚的产品（如减肥茶）的申请。

（5）绿色食品拒绝转基因技术。由转基因原料生产（饲养）加工的任何产品均不受理。

6. 申请绿色食品认证程序包括哪些

申请人向所在地的盟市绿色食品办公室提出申请，递交绿色食品标志使用申请书、企业及生产情况调查表及有关认证材料。盟市绿办对申请认证材料进行文审，材料合格的，委派检查员进行现场检查、环境调查（环境监测）、产品抽样（产品检测）和预审，完成预审后将认证申请材料报送内蒙古自治区绿色食品发展中心初审，自治区绿办初审合格的，报送中国绿色食品发展中心审核，审核合格的，报送绿色食品评审委员会认证终审，认证合格的由中国绿色食品发展中心颁发绿色食品证书。

7. 申请绿色食品认证需要提供哪些材料

企业申请绿色食品认证，需向所在地市绿办提供以下材料：

（1）绿色食品标志使用申请书。

（2）企业及生产情况调查表。

（3）保证执行绿色食品标准和规范的声明。

（4）生产操作规程（种植规程、养殖规程、加工规程）。

（5）公司对基地+农户的质量控制体系（包括合同、基地图、基地和农户清单、管理制度）。

（6）产品执行标准。

（7）产品注册商标文本（复印件）。

（8）企业营业执照（复印件）。

（9）企业质量管理手册。

（10）其他需要提供的材料。

图8-1　绿色食品标志

（二）有机食品

1. 什么是有机农业

有机农业要遵照特定的农业生产原则，在生产中不采用基因工程获得的生物及其产物，不使用化学合成的农药、化肥、生长调节剂、饲料添加剂等物质，遵循自然规律和生态学原理，协调种植业和养殖业的平衡、采用一系列可持续的农业技术以维持持续稳定的农业生产体系的一种农业生产方式。

2. 什么是有机产品

有机产品是按照我国有机产品国家标准（GB/T 19630-2011）生产、加工、销售的供人类消费、动物食用的产品。

图8-2　有机食品标志

（三）农产品地理标志

1. 什么是农产品地理标志

农产品地理标志是指标示农产品来源于特定地域，产品品质和相关特征主要取决于自然生态环境和历史人文因素，并以地域名称冠名的特有农产品标志。此处所称的农产品是指来源于农业的初级产品，即在农业活动中获得的植物、动物、微生物及其产品。

2. 农产品地理标志登记管理工作是由哪个部门负责的

农业农村部负责全国农产品地理标志的登记工作，农业农村部绿色食品发展中心负责农产品地理标志登记的审查和专家评审工作。省级人民政府农业行政主管部门负责本行政区域内农产品地理标志登记申请的受理和初审工作。农业农村部设立的农产品地理标志登记专家评审委员会，负责专家评审。

3. 什么样的产品可以申请农产品地理标志登记

申请地理标志登记的农产品，应当符合下列条件：

（1）称谓由地理区域名称和农产品通用名称构成。

（2）产品有独特的品质特性或者特定的生产方式。

（3）产品品质和特色主要取决于独特的自然生态环境和人文历史因素。

（4）产品有限定的生产区域范围。

（5）产地环境、产品质量符合国家强制性技术规范要求。

图8-3　农产品地理标志

第二节　名特优新农产品

为贯彻落实质量兴农、绿色兴农和品牌强农战略，2018年农业农村部农产品质量安全中心决定在原农业农村部优质农产品开发服务中心工作的基础上，继续探索开展全国名特优新农产品名录收集登录工作，以指导生产、引导消费，推进地方特色农产品质量提升和品牌培育，促进区域优势农业产业发展。

全国名特优新农产品，即指在特定区域（原则上以县域为单元）内生产具备一定生产规模和商品量、具备显著地域特征和独特营养品质特色、有稳定的供应量和消费市场、公共认知度和美誉度高并经农业农村部农产品质量安全中心登录公告和核发证书的农产品。

名特优新农产品，为区域公用品牌，认证区域内符合条件的生产企业，均可申请使用。

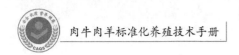

第三节　克什克腾旗品牌建设工作

　　为全面提升克什克腾旗农畜产品品牌化建设水平，培育一批具有较强影响力的农畜产品区域公用品牌，同时鼓励企业创建自主品牌，不断提升农畜产品附加值，特制定《克什克腾旗农畜产品品牌建设工作推进意见》，详见附件3。

第九章　农业保险

第一节　2022年保费政策

（一）保费补贴品种

1. 中央确定品种

种植业保险保费补贴品种：稻谷、小麦、玉米、大豆、棉花、马铃薯、油料作物、糖料作物、三大粮食作物（稻谷、小麦、玉米）制种。

养殖业保险保费补贴品种：奶牛、能繁母猪、育肥猪。

森林：公益林、商品林。

2. 自治区确定品种

种植业保险保费补贴品种：温室、大棚及附加棚内作物。

草原保险：继续实施呼伦贝尔、兴安盟等8个盟市13个旗县的禁牧区和草畜平衡区草原保险。

3. 鼓励各地开展农业保险创新试点

鼓励各地自主开展符合农牧业产业政策，适应当地农牧业发展需求的农业保险创新试点，盟市和旗县区财政可以根据财力状况，给予一定的保费补贴等政策支持。

（二）保险责任范围

1. 种植业保险的保险责任

在保险期间内，由于暴雨、洪水（政府行蓄洪除外）、内涝、风灾、雹灾、高温、冻灾、旱灾、地震等自然灾害，重大病虫鼠害，泥石流、山体滑坡、火灾等意外事故，野生动物毁损等风险造成保险农作物直接物质损坏或灭失且损失程度达到合同约定的起赔点，保险人负赔偿责任。有条件的地方可稳步探索将产量、气象等变动作为保险责任。重大病虫鼠害是指大范围发生的，由县级以上农牧部门出具证明认定的病虫鼠害，起赔点为30%。野生动物毁损责任、火灾责任的起赔点为30%。

2. 奶牛保险的保险责任

在保险期间内，由于下列原因导致被保险奶牛死亡，保险人负赔偿责任。

（1）重大病害：口蹄疫、布鲁氏菌病、牛结核病、牛焦虫病、炭疽、伪狂犬病、副结核病、牛传染性鼻气管炎、牛出血性败血病、日本血吸虫病等疾病、疫病。

（2）自然灾害：暴雨、洪水（政府行蓄洪除外）、风灾、雷击、地震、冰雹、冻灾。

（3）意外事故：泥石流、山体滑坡、火灾、爆炸、建筑物倒塌、空中运行物体坠落。

（4）发生高传染性疫病，政府实施强制扑杀。

（5）在分娩过程中，因胎儿不能顺利分娩出，造成子宫破裂或穿孔大出血。

（6）产后72小时以内因患产后瘫痪或产后败血症，经积极治疗但仍无效。

（7）经专家确诊为创伤性网胃炎或创伤性心包炎。

3. 能繁母猪保险、育肥猪保险的保险责任

在保险期间内，由于下列原因导致的保险能繁母猪、育肥猪死亡，保险人负赔偿责任。

（1）重大病害：猪丹毒、猪肺疫、猪水泡病、猪链球菌、猪乙型脑炎、附红细胞体病、伪狂犬病、猪细小病毒、猪传染性萎缩性鼻炎、猪支原体肺炎、旋毛虫病、猪囊尾蚴病、猪副伤寒、猪圆环病毒病、猪传染性胃肠炎、猪魏氏梭菌病、口蹄疫、猪瘟、非洲猪瘟、高致病性蓝耳病及其强制免疫副反应等疾病、疫病。

（2）自然灾害：暴雨、洪水（政府行蓄洪除外）、风灾、雷击、地震、冰雹、冻灾。

（3）意外事故：泥石流、山体滑坡、火灾、爆炸、建筑物倒塌、空中运行物体坠落。

（4）发生高传染性疫病，政府实施强制扑杀。

4. 森林保险的保险责任

在保险期间内，由于火灾、旱灾、暴雨、暴雪、暴风、洪水、泥石流、冰雹、霜冻、病虫鼠兔害、野生动物毁损原因，直接造成保险林木流失、掩埋、主干折断、倒伏、烧毁、死亡的损失，按照《内蒙古自治区森林综合保险条款》（另行通知）规定，负责赔偿。

5. 草原保险的保险责任

详见内财金〔2021〕628号文件规定。

6. 温室、大棚及附加棚内作物保险的保险责任

在保险期间内，由于雪灾、风灾（含龙卷风、暴风等）、雹灾、暴雨、洪涝、泥石流、山体滑坡，造成投保温室的墙体、棚架、棚膜，保险大棚的棚架、棚膜，以及投保温室内或大棚内作物的经济损失，按照《内蒙古自治区温室大棚及附加棚内作物保险条款》（另行通知）规定，负责赔偿。

（三）保障水平和保险费率

种植业品种保险金额：原则上为保险标的生长期内所发生的直接物化成本，包括种子、化肥、农药、灌溉、机耕和地膜等成本。

养殖业品种保险金额：原则上为保险标的的生产成本，可包括部分购买价格或饲养成本合理确定。

森林保险金额：原则上为林木损失后的再植成本，包括灾害木清理、整地、种苗处理与施

肥、挖坑、栽植、抚育管理到树木成活所需的一次性总费用。

草原保险金额：依据草原的类型，结合平均牧草产量以及草原生态恢复成本等因素综合计算确定总保险金额。

温室、大棚及附加棚内作物保险的保险金额：参照温室主要构成部件（墙体、棚架、棚膜）、大棚主要构成部件（棚架、棚膜）建造成本的80%，以及棚内作物的种苗费等确定。

森林保险、温室大棚及附加棚内作物保险的保险金额和保险费率暂时按照现行政策执行，后续将根据实际情况进行调整，另行通知。

（四）保费补贴政策

1. 农牧民保费自缴比例

全区范围内享受中央财政保费补贴的种植业品种（稻谷、小麦、玉米、大豆、棉花、马铃薯、油料作物、糖料作物、三大粮食作物制种等）、养殖业品种（奶牛、能繁母猪、育肥猪），以及参保农牧户、各类农牧业生产经营组织的保费自缴比例为20%。

2. 种植业保险保费补贴

中央财政补贴45%，自治区财政补贴30%，盟市和旗县区分别补贴3%和2%。

3. 养殖业保险保费补贴

奶牛保险：中央财政和盟市财政补贴比例为中央财政补贴50%，呼和浩特市、包头市、鄂尔多斯市及所属旗县区财政承担15%，呼伦贝尔市、通辽市、巴彦淖尔市、锡林郭勒盟、乌海市、阿拉善盟及所属旗县区财政承担10%，兴安盟、乌兰察布市、赤峰市及所属旗县区财政承担5%，其余部分由自治区财政承担。

能繁母猪、育肥猪保险：中央财政和盟市财政补贴比例为中央财政补贴50%，盟市、旗县区财政各补贴5%，自治区财政补贴20%。

4. 森林和草原保险保费补贴

公益林中央财政补贴50%，自治区财政补贴32%，盟市和旗县共同补贴18%。对森工集团，公益林中央财政补贴50%，自治区财政补贴40%，企业承担10%。大青山国家级自然保护区管理局中央财政补贴50%，自治区财政补贴50%。

商品林中央财政补贴30%，自治区财政补贴25%，盟市和旗县财政共同补贴15%，经营者自缴30%；对森工集团，中央财政补贴30%，自治区财政补贴40%，企业承担30%。

草原保险自治区补贴50%，盟市补贴20%，旗县区补贴10%，投保草原经营者自缴20%。

5. 温室、大棚及附加棚内作物保险保费补贴

各级财政补贴比例为自治区财政补贴40%，盟市及旗县区财政共同补贴30%，温室、大棚种植户与龙头企业共同承担保费的30%。

（五）保费缴纳

投保农牧户、种养企业、新型农牧业经营组织、专业经济合作组织等必须按照本方案规定的比例自行缴纳保费，严禁盟市、旗县区政府及其所属部门、单位以及苏木乡镇、嘎查村代

替投保个人或组织交纳其应当承担的保费。中央、自治区和盟市资金由盟市财政部门向盟市级经办机构拨付，旗县承担部分由旗县财政部门向旗县级经办机构拨付。

（六）保险理赔

各保险经办机构应当科学、合理地拟定农业保险条款，充分吸纳当地政府和财政、农牧、林业和草原、银保监、农牧民代表的意见，条款表述应清晰易懂，保单应载明保费承担比例情况。保险经办机构必须严格执行国家和自治区有关农业保险的法律法规和相关政策要求，按照"主动、迅速、科学、合理"的原则，及时开展灾后查勘、定损、理赔，努力确保查勘定损到户。对于组织投保的业务，在依法保护个人信息的前提下，保险机构应当对分户投保清单、分户定损结果进行不少于3天的公示。各经办机构要严格执行依条款据实赔付，做到"大灾大赔、小灾小赔、无灾不赔"。经办机构与被保险人达成赔偿协议后10个工作日内，将赔偿的保险金支付给被保险人，避免影响农户的后续抗灾、救灾工作，对未能据实理赔或理赔严重超过时限的经办机构，将按照绩效考核的有关规定予以处理，直至退出该区域业务经营。

承保机构原则上应当通过银行转账等非现金方式，直接将保险赔款支付给投保农户，如果投保农户没有银行账户，承保机构应当采取适当方式确保将赔偿保险金直接赔付到户。

参保奶牛、能繁母猪、育肥猪、肉牛、肉羊，特色奶牲畜及骆驼，因动物疫情被政府实施强制扑杀的，保险经办机构要按照保险金额扣减政府扑杀专项补贴后进行赔付，政府扑杀专项补贴超过保险金额的，保险经办机构不再赔付。对因重大病害死亡的，由畜牧防疫部门按照国家相关法律、法规进行无害化处理后，保险经办机构进行赔偿。

第二节　实施制种保险保费补贴

根据财政部、农业农村部、银保监会《关于将三大粮食作物制种纳入中央财政农业保险保险费补贴目录有关事项的通知》（财金〔2018〕91号）文件要求，国家对稻谷、小麦、玉米三大作物制种保险进行保费补贴。

（一）保费补贴品种

制种保险保费补贴品种：符合《种子法》规定，按种子生产经营许可证规定或经当地农牧部门备案开展的稻谷、玉米、小麦制种，包括扩繁和商品化生产等种子生产环节。

（二）保险责任范围

保险责任包括保险期间内，由于高温、高湿、暴雨、洪水（政府行蓄洪除外）、内涝、风灾、雹灾、冻灾（早期霜冻）、旱灾、地震等自然灾害，泥石流、山体滑坡、火灾等意外事故，重大病虫鼠害，野生动物毁损及其他可能导致损失的各类风险，如因气象条件造成的花期不遇（玉米）、种子质量严重下降等。造成保险农作物直接物质损坏或灭失且损失程度达到合同约定的起赔点,保险人负赔偿责任。重大病虫鼠害是指大范围发生的,由县级以上农牧部门出具证明认定的病虫鼠害,起赔点为30%。野生动物毁损责任、火灾责任的起赔点为30%。

（三）保障水平

制种保险金额:原则上为保险标的生长期内所发生的直接物化成本,包括制种成本、化肥、农药、灌溉、机耕和地膜的成本。

以亩为单位进行核算,玉米800元、稻谷500元、小麦350元。鼓励保险经办机构提供保险金额高于直接物化成本的保险产品。

（四）保险费率

制种保险费率:稻谷6%,小麦10%,玉米8%。

（五）保费补贴政策

（1）保费自缴比例。投保人和被保险人应为实际土地经营者,如实际土地经营者的制种生产风险已完全转移给种子生产组织的,种子生产组织也可作为投保人和被保险人,但法律规定不能成为投保人和受益人的除外。保费自缴比例为20%,国家认定的玉米、小麦制（繁）种大县或育繁推一体化企业投保的保费自缴比例为15%。

（2）三大粮食作物制种保险保费补贴。中央财政补贴45%,自治区财政补贴35%,国家认定的玉米、小麦制（繁）种大县或育繁推一体化企业制种保险自治区财政补贴40%。自治区财政承担的保险费补贴资金,由自治区财政预算安排。

其他事项按照内财农〔2019〕478号执行。

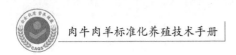
第十章　养殖基地生产记录样式

克什克腾旗

养殖基地

生　产　档　案

克什克腾旗农牧局

目　录

养殖基地基本情况

单 位 名 称：_____

法定代表人姓名：_____

单 位 地 址：_____

联 系 电 话：_____

养 殖 场 面 积：_____

棚 圈 面 积：_____

养 殖 品 种：_____

能 繁 母 畜 数 量：_____

种 公 畜 数 量：_____

年 出 栏 数 量：_____

驻 场 兽 医：_____

联 系 电 话：_____

记 录 年 份：_____

记 录 人：_____

农产品质量安全承诺书

为认真贯彻落实《食品安全法》《农产品质量安全法》《中华人民共和国动物防疫法》《兽药管理条例》《饲料和饲料添加剂管理办法》《中华人民共和国农药管理条例》等法律、法规,确保农产品质量安全,现作出如下承诺:

一、严格遵守和执行《食品安全法》和《农产品质量安全法》等法律、法规及规章,依法从事农产品生产经营活动。

二、严格执行生产技术规程、生产管理制度、生产记录制度、投入品使用制度、农产品质量自检制度、农产品采收制度等规章制度。

三、坚决杜绝使用禁用的农药、兽药,假劣农药、兽药,规范使用农药、兽药。严格执行农药安全间隔期和兽药休药期制度,保证上市的农畜产品农药、兽药残留不超标。

四、严格执行农产品质量追溯制度,产品上市前要有自主检测,并开具农产品质量安全合格证,对不合格农产品要及时召回。

五、严格落实生产记录制度,建立完整的生产档案,对投入品购进、使用,农产品生产、销售流向等内容实时记录,生产档案至少保存两年。

六、积极配合农产品质量安全监管部门工作,依法接受农产品质量监管工作人员的监督管理,接受农产品质量安全监管机构所作的决定。

七、诚实守信,不搞欺诈行为。若出现违法行为,愿意依法接受监管、执法等部门的处理。因产品质量问题对社会造成的不良后果,依法承担经济和法律责任。

承诺单位(签章):

联 系 电 话:

年   月   日

兽药（含药物添加剂）使用记录表

填表人：

开始用药时间	栋、栏号	动物批次日龄	兽药名称	生产厂家	给药方式	用药动物数	每日剂量	用药目的（防病、治病）	停药日期

饲料、预混料使用记录表

填表人：

开始使用时间	栋、栏号	动物存数（头、只）	饲料或预混合料名称	生产厂家（或自配）	批号/加工日期	用量	停止使用时间

生产记录表（按照日或变动记录）

填表人：

日期	栋、栏号	变动情况（头、只）	存栏数（头、只）	备注			
				出生数	调入数	调出数	死、淘汰数

出厂销售和检疫情况记录表

填表人：

出场日期	品种	栋、栏号	数量（头、只）	出售动物日龄	销售地点及货主	检疫情况			曾使用的有停药期要求的药物		经办人
						合格头数	检疫证号	检疫员	药物名称	停药日期	

免疫记录表

填表人：

时间	圈舍号	存栏数量	免疫数量	疫苗名称	疫苗生产厂	批号（有效期）	免疫方法	免疫	
								剂量	免疫人员

消毒记录表

填表人：

时间	圈舍号	消毒药名称	消毒药生产厂家	批号（有效期）	消毒方法	用药剂量	操作员签字

农产品质量安全抽检/检查记录表

填表人：

抽检/检查单位	抽检/检查人	时 间	抽检产品/检查内容	检查意见

附　件

附件1　昭乌达肉羊疫病防控技术规程

为保证昭乌达肉羊育种工作顺利进行,特制定本疫病防控技术规范。育种区坚持"预防为主"的方针,加强饲养管理,搞好环境卫生,做好防疫、检疫工作,坚持定期预防性驱虫和预防中毒等综合性防治措施。

1　范围

本规范适用于舍饲、育肥羊场羊病的防疫和控制,半舍饲及放牧羊群可参照有关技术要点执行和操作。

2　定义、术语

2.1　动物疫病

动物疫病是指生物性病原引起的动物群发性疾病,包括动物传染病、寄生虫病。

2.2　预防

预防是采取各种措施将疫病排除于一个未受感染的畜群之外。

2.3　控制

控制是采取各种措施,使已出现于畜群中疫病的发病数和死亡数降低到最低限度,把疫病限制在局部范围内。

2.4　预防免疫接种

预防免疫接种是依据国家或地方消灭控制疫病的要求,平时有计划地进行免疫接种。

2.5　隔离

隔离是将疫病感染动物、疑似感染动物和病原携带者与健康动物隔开,并采取必要的措施切断传染的途径,杜绝疫病继续扩散。

2.6　消毒

消毒是采取机械消除法、物理消毒法、化学消毒法、生物消毒法等措施消灭传染源散播

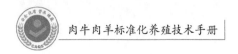

于外界环境中的病原体,以切断传播途径,防止疫病蔓延。

2.7 驱虫

驱虫是采用物理等方法,消灭或减少疫病媒介昆虫或动物体内外寄生虫。

2.8 净化

净化是对某些疫病发生地区采取一系列措施,达到消灭和消除传染源的目的。

2.9 检疫

检疫是动物防检疫监督机构及技术人员按照国家标准、农业部行业标准和有关规定,采用各种诊断方法,对动物、动物产品及其运输工具等进行疫病的检查,并采取相应措施,防止疫病的发生和传播。

3 技术规范要点

3.1 加强饲养和管理

3.1.1 合理引进羊只

引进羊只时要做好检疫工作,尽量避免从疫区购羊,所购羊只必须有地方兽医检疫部门签发的检疫合格证明,以及畜主(羊场)提供的羊只免疫证。引进的羊只需隔离观察1个月以上,确认为健康者,经驱虫、消毒,没有注射疫苗的补注疫苗后,方可与原有羊只混群饲养,防止在引进羊只过程中引进病原体,而造成疫病的发生和传播。

3.1.2 合理分群和饲养

羊只应按不同用途、品种、体重和年龄大小进行分群饲养,使所有羊只能够自由平衡采食、饮水和活动,从而保证羊只的健康发育和生长。

3.1.3 合理的饲料营养和饲喂

育肥羊只的日常精料和粗饲料应合理搭配,尽量保证日粮营养全价平衡,而且要采取定时饲喂。半舍饲及放牧羊只特别是正在发育的幼龄羊、怀孕期和哺乳期母羊、配种期公羊必须进行合理补饲,防止各种营养代谢性疾病的发生,

3.1.4 预防中毒

不喂霉败饲料,不用污浊或受污染的水饮羊;注意饲料的正确调制处理,妥善储藏防止青饲料农药污染和羊只误食灭虫、灭鼠类药物。

3.1.5 提供合理的养殖环境

(1)羊场应有适宜的羊舍、接羔保育舍和活动场,避免过冷、过热、通风不良、有害气体浓度过高、羊只密度过高和拥挤,尽量营造适宜的小生态环境。

(2)羊舍及活动场应保持清洁卫生,要有专门的堆粪场,粪尿、污水、污物应随时集中处理。同时要搞好灭鼠、灭蚊蝇等工作。

3.2 羊场、羊舍的消毒设施要求

(1)羊场大门入口处要设置宽同大门,长为大型机动车车轮一周半长的水泥结构消毒

池。

（2）生产区门口、圈舍入口要设置1米见方的消毒池，供饲养人员进出消毒，池内应长年保持有消毒药物。

（3）羊场应配备专门的消毒器械、药品和设施，以开展对圈舍及相应工具如车辆、器具等定期消毒，防止疫病传播。

3.3　羊场、羊舍的预防消毒

每月一次，对羊场日常用具、羊舍、活动场、交通工具、饲料加工器械、粪尿堆等进行全面消毒。

日常用具消毒应用新洁尔灭等低腐蚀、广谱、高效消毒剂，常用0.1%～0.3%水溶液浸泡或喷洒。

场地、粪尿排泄物等消毒，常用以下几种消毒剂。

过氧乙酸：常用其0.5%浓度的水溶液喷洒，现配现用。

含氯消毒剂：常用浓度为1∶200或1∶1000水溶液，一般采用喷洒消毒，现配现用。

含碘消毒剂：常用浓度为1∶200或1∶1000水溶液，采用喷洒消毒。

含酚消毒剂：常用浓度为1∶60或1∶100水溶液进行喷洒消毒。

3.4　羊场随时消毒

针对有疫情发生的羊场，当有传染病发生时，及时消灭刚从病羊体内排出的病原体而采取的消毒措施。

消毒的范围包括羊运动场、羊舍、隔离场地、羊的分泌物、排泄物所污染的一切场所、日常用具、物品等，在解除隔离前，全场应在1~3天内进行一次消毒。消毒剂的选择和使用同预防消毒。

3.5

3.5.1　基础群养殖（包括种羊）

采取每年春秋两季各驱虫一次的驱虫模式。驱虫药物首选伊维菌素、丙硫咪唑、吡喹酮、氯氰碘柳胺钠、三氯苯唑口服或注射单剂或复合制剂。具体依据供应商产品规格和使用说明。

3.5.2　育肥羊只

在入场（舍）前要进行一次全面驱虫，在育肥期（饲养期）分阶段再进行两次全面驱虫，驱虫药物的选择和使用方法同上。

3.6　预防免疫接种

根据目前羊主要常见传染病及其危害程度，以及现有疫苗的特点和使用效果，目前羊场应开展以下传染病的免疫接种，并建立免疫接种档案。

口蹄疫：山羊、绵羊无论大小羊只，每只肌注口蹄疫A、O型双价灭活疫苗1毫升，每年春秋季各免疫一次，根据流行情况可适当进行加强免疫，剂量同上。

炭疽：有炭疽发病史的羊场，绵羊、山羊无论大小均皮下注射Ⅱ号炭疽芽孢苗1毫升，每年春季免疫接种一次。

布鲁氏菌病：严重感染的羊场，绵羊、山羊无论大小均按200亿菌体/只，口服接种布氏杆苗S2苗，每年春季接种一次，连免三年。种羊及感染程度低的羊场一般不采取免疫，采取检疫、淘汰病羊、净化羊场的措施。

羊痘病：绵羊、山羊无论大小皮下注射羊痘鸡胚化弱毒苗0.5毫升，每年春季接种一次。

羊快疫、羊猝狙、肠毒血症、羔羊痢疾：绵羊无论大小均肌肉或皮下注射羊快疫-羊猝狙-肠毒血症三联苗氢氯化铝稀释液1毫升，每年春季免疫接种一次。

3.7 羊场重要疫病常规检疫和检测

3.7.1 口蹄疫免疫检测

羊场口蹄疫疫苗接种后每隔三个月需进行一次抗体效价检测，根据抗体效价水平，决定是否进行有针对性疫苗接种和加强免疫，检测方法依国家口蹄疫检测技术进行。

3.7.2 布鲁氏杆菌病检疫

（1）羊场内每年必须进行两次以上布病检疫。于春秋季进行，并建立检疫档案。凝集反应检查阳性羊只，根据疫苗接种情况，再进行鉴别诊断，判断是否为注苗阳性或自然感染阳性，判定为自然感染阳性羊只，需淘汰处理。

（2）检疫技术及方法参照GB/T18646-2002执行。普检采用虎红平板凝集试验。虎红平板凝集试验阳性反应羊只再采用试管凝集试验复检。区别是否注苗阳性，进一步可用补体结合试验进行鉴别。

（3）引进、转运羊只检疫羊场在引进、转运羊只时必须进行检疫，根据技术条件及区域羊病流行病学情况确定检疫内容，至少进行羊布病的检疫，并出具检疫证明，阴性羊或布病注苗阳性羊只方可出入场。

3.8 发生传染病是应采取的措施

羊群发生普通传染病时，应立即将病羊及可疑感染羊只进行隔离，对已隔离的羊只进行药物治疗。对所有健康羊只及可疑感染羊只，要进行疫苗紧急接种或用药物进行预防，隔离场禁止人、畜出入和接近，并要随时消毒。用具、饲料、粪尿、排泄物等未经彻底消毒不得孕畜；病羊尸体要焚烧或深埋，不得随意抛弃或出售。发生口蹄疫等急性烈性传染病时，应立即向上级兽医部门报告疫情，划定疫区，采取严格的隔离封锁和紧急免疫接种、扑杀并处等紧急措施，组织力量尽快扑灭，并根据有关规定在兽医部门的批准下解除疫情。

附件2 克什克腾旗（2021—2025年）现代肉羊产业高质量发展实施意见

克什克腾旗人民政府文件

克政字〔2021〕136号

克什克腾旗人民政府关于印发《克什克腾旗（2021—2025年）现代肉羊产业高质量发展实施意见》的通知

各苏木乡镇人民政府、街道管理办公室，旗直各部门、企事业单位，各人民团体，中区直驻旗各单位：

现将《克什克腾旗（2021—2025年）现代肉羊产业高质量发展实施意见》印发给你们，请结合工作实际，认真贯彻执行。

2021年8月29日

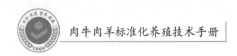

克什克腾旗（2021—2025 年）
现代肉羊产业高质量发展实施意见

根据《农业农村部关于印发推进肉牛肉羊生产发展五年行动方案的通知》（农牧发〔2021〕10 号）、《内蒙古自治区人民政府关于印发自治区国民经济和社会发展第十四个五年规划和 2035 年远景目标纲要的通知》（内政发〔2021〕1 号）、《内蒙古自治区人民政府办公厅关于印发种业发展三年行动方案（2020—2022 年)的通知》（内政办发〔2020〕40 号）、《赤峰市农牧局 财政局关于印发〈赤峰市 2020—2022 年肉羊产业开发专项推进实施方案〉的通知》（赤农牧计财发〔2020〕11 号）要求及旗第十六次党代会精神，结合我旗实际，现就克什克腾旗现代肉羊产业高质量发展工作提出如下实施意见。

一、发展思路

按照"稳量提质、科技支撑"的发展思路，依托国家级现代农业产业园建设，大力实施"优羊工程"；农区着力推广以昭乌达肉羊为父本，以本地饲养的基础母羊为母本进行杂交；牧区大力发展以黑头杜泊为父本，并与乌珠穆沁大尾羊进行杂交改良，支持推广三元杂交，整体提升肉羊生产性能和综合效益。强力推行同期发情技术，倡导标准化饲养，强化龙头企业带动，推进产业链条紧密衔接，着力构建饲养、繁育、屠宰、加工、包装、销售等于一体的肉羊全产业链式发展体系，将我旗打造成为自治区最大的养羊联合体、最大的种羊繁育基地和最大的昭乌达肉羊繁育基地。

二、发展目标

预计到 2025 年，肉羊饲养量控制在 200 万只以内（其中：基础母羊 120 万只）。依托国家级现代农业产业园，投入资金 1 亿元，将现有昭乌达肉羊育种、扩繁基础条件好、养殖积极性高、基础设施完备的苏木乡镇部分嘎查村作为典型示范进行打造。将浩来呼热苏木打造成为昭乌达肉羊育种核心示范区；将达来诺日镇、乌兰布统苏木、红山子乡和芝瑞镇打造成昭乌达肉羊扩繁示范区；建成"一心两区多点"（一心：肉羊产业科创中心，两区：肉羊核心育种区和种羊扩繁区，多点：分散布局多个种羊生态牧场）的昭乌达肉羊产业带。昭乌达肉羊养殖规模达到 120 万只（其中：昭乌达肉羊基础母羊存栏达到 80 万只），昭乌达肉羊年供种能力达到 1 万只。肉羊家庭牧场和养殖专业户达到 3400 个，防免疫密度达到 100%，就地加工转化率达到 50%，外销肉羊本地检验检疫率达到国家标准要求，农牧民人均可支配收入中肉羊产业收入占比达到 25%以上。

三、具体举措

（一）产业融合体系建设。坚持"培植主体、做大产业、打造品牌、做强产业"的原则，在达来诺日镇、浩来呼热苏木、乌兰布统苏木、红山子乡和芝瑞镇等地区，不断培育扶持发展家庭牧场及规模化养殖场，实现肉羊产业的优化升级。依托克什克腾旗小微食品加工园区，在延链补链强链上下功夫、做文章，因地制宜探索多种融合方式，培育并支持龙头企业新建、扩建屠宰加工厂，发展产品加工、仓储、物流等市场化服务。投资1亿元，在克什克腾旗小微食品加工园区建设屠宰综合加工车间及冷库等。开展优质品牌创建行动，投资650万元，主要用于数字观光牧场体验和线上观光牧场，宣传克什克腾旗区域公用品牌，推广昭乌达肉羊地理标志产品，以品牌提升产品附加值，实现一、二、三产业深度融合发展，构建多元发展、多极支撑的现代肉羊产业发展体系。预计到2025年，肉羊家庭牧场和养殖专业户达到3400个（附件），肉羊屠宰加工能力达到100万只以上，精深加工比例达到70%以上。

肉羊家庭牧场和养殖专业户打造标准：农区实行全舍饲，以昭乌达肉羊为父本，以本地基础母羊为母本进行杂交；牧区（乌兰布统苏木实行全舍饲）以半舍饲为主，以黑头杜泊为父本，以乌珠穆沁大尾羊为母本进行杂交，支持推广三元杂交。农区基础母羊存栏达到100只以上，牧区基础母羊达到200只以上，并具备相应的机械化操作水平，棚圈面积300平方米以上，青贮窖200～300立方米、储草棚需在200～300平方米，应有一定面积的活动场地，同时具备相应的饲草料设备、堆粪处理设施、水电齐全等条件，家庭牧场需经旗农牧部门认定方可入库。

（二）现代肉羊繁育体系建设。投资 9300 万元，实施肉羊种业科技创新推广、肉羊核心育种区种羊品质提升、种羊扩繁区升级改造等工程，全力加快现代肉羊产业高质量发展进程。

1.投资 1590 万元，在浩来呼热苏木浩来呼热嘎查，实施肉羊种业科技创新推广工程。建设内容为：建设科技创新中心 8 个（肉羊种质遗传物质保存中心、肉羊育种大数据中心、种羊检测中心、种羊繁育及胚胎移植中心、肉羊营养与饲料研究中心、肉羊疾病防控研究中心、草业生态保育研究中心、肉羊种业科技成果孵化和国际科技交流中心）。**一是**加强对国内外优质肉羊品种资源的引进和内蒙古地方特色肉羊品种资源的搜集，建成现代化、智能化高标准肉羊遗传物质保存基因库；**二是**构建肉羊繁育大数据分析决策平台，建设肉羊种质资源大数据中心，研发肉羊繁育全程服务支撑系统，探索创新育种模式等；**三是**建设昭乌达肉羊种羊鉴定检测室、胚胎检测室和多羔主效基因检测室，提高肉羊品质和多羔率，保证种羊繁育安全；**四是**在对地方品种进行提纯、保护和应用的同时，引进和扩繁国外优质种羊。强力推行同期发情控制技术和胚胎移植技术，积极推广母羊高频繁殖技术和公羊生殖保健与人工授精优化技术等，提高种羊繁殖效率；**五是**通过系统营养调控，提高肉羊的免疫能力和饲料的利用率，减少对环境的污染，达到可持续发展的目的；**六是**提高肉羊重大疾病快速检测能力、处置能力和圈舍设施化智能化水平，强化圈舍环境监测和治理，推动肉羊产业无抗养殖和提质增效；**七是**开展草原生态保护与可持续利用模式以及草原生态系统修复的关键技术等研究工作；**八是**吸引国内外肉羊种业领域的科技企业、科研院校、研究机构、国际组织入驻，广泛开展国内国际合作和成果转化，搭建农业领域科技成果孵化和对外交流开放平台，助推民族肉羊品牌走向世界。

2. 投资 4910 万元，在浩来呼热苏木、芝瑞镇，实施肉羊核心育种区种羊品质提升工程。建设内容为：在昭乌达肉羊核心育种区建设高标准智能化肉羊原种场，对新建或改扩建的原种场搭建智慧肉羊原种场物联网管理系统、精准营养调控系统、肉羊疫病防疫系统；对 9 个扩繁场（克什克腾旗浩来呼热种畜场、克什克腾旗昭洋养殖专业合作社、内蒙古草原鹏程畜牧有限公司、克什克腾旗红山子盛泉养殖场、克什克腾旗百川肉牛肉羊养殖有限责任公司、克什克腾旗塞北肉羊养殖有限责任公司、克什克腾旗芝瑞镇原雪峰养殖场、克什克腾旗绿野生态农牧业专业合作社、克什克腾旗蒙帝牧业有限公司）进行升级改造，建设兽医技术室、高标准饲草车间和废弃物收集处理等设施；利用产业园大数据中心，在核心育种场开展种羊养殖全过程可追溯管理，建立健全"来源可追溯、去向可查证、责任可追究"的种羊全过程可追溯体系。

3. 投资 2800 万元，在浩来呼热苏木、芝瑞镇、乌兰布统苏木、达来诺日镇、红山子乡，实施种羊扩繁区升级改造工程。建设内容为：在牧区和农区建立羊联体扩繁户养殖场标准，加快推进产业园种羊扩繁区的880个扩繁户养殖场标准化建设（其中：芝瑞镇200个、浩来呼热苏木380个、乌兰布统苏木50个、达来诺日镇130、红山子乡120个）。

（三）**技术推广体系建设**。强化农牧民技术培训，加大对同期发情、胚胎移植、两年三产、舍饲育肥、疫病防控等肉羊养殖新技术的推广力度。预计到2025年，累计培训农牧民1万人次。计划引进一家有实力的企业，推广"公司+农牧户"的肉羊育肥模式，加快推进肉羊育肥进程，预计年育肥肉羊10万只（其中：公司育肥5万只，带动农牧户育肥5万只）。对采取人工授精配种的基础母羊，每只补贴30元，每户基础母羊补贴最多不超过200只。实施种公羊补贴项目，每年对发放的种公羊每只补贴1200元，年发放种公羊3000只左右。在三个牧区以实行同期发情技术的种畜场或合作社为主体，每年补贴600只黑头杜泊、萨福克等优良品种作为三元杂交的父本，每只补贴5000元，每年补贴300万元。建立病死畜无害化处理机制，旗财政对每只病死羊给予80元的无害化处理费。

（四）**联农带牧体系建设**。充分发挥肉羊产业对下游关联产业的带动作用，完善利益联结机制，创新羊联体模式，以"公司+会员（农牧户）"为基本组织形式，以实现企业和农牧户效益双赢为目标，着力构建从金融支撑、育种推广、饲养管理

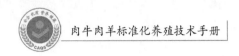
到产品营销等环节的产业联农带牧体系。预计到 2025 年，羊联体模式覆盖面达到肉羊养殖户的 50%。

四、保障措施

（一）**转变思想观念，改变饲养方式。**各地区、各有关部门要切实抓好肉羊舍饲、半舍饲及改良技术推广工作，乌兰布统苏木实行全年舍饲，其他牧区重点嘎查村逐步推行全年舍饲，从根本上改变传统粗放式养殖模式，提高广大农牧民对现代肉羊产业高质量发展的认识，不断激发内生动力，由数量型向质量型转变，增强发展后劲。

（二）**明确主体责任，强化目标管理。**旗农牧局要成立工作专班，统筹负责现代肉羊高质量发展的任务落实和工作推进，各有关部门要明确责任分工，提高工作效率，搞好工作衔接配合，形成工作合力；各苏木乡镇主要领导要亲自部署、亲自上手，逐级将目标任务分解落实到村、到组、到户，确保肉羊产业高质量发展工作取得实效。

（三）**加大金融扶持，解决融资难题。**充分发挥政府引导作用，建立政府、银行、企业、民间资本等多元化投入机制。创新信贷产品，改进金融服务，充分整合项目资金，培育壮大肉羊养殖、加工龙头企业。

（四）**强化基础保障，加快实施进度。**各地区、各有关部门要统筹做好肉羊产业高质量发展项目涉及的土地征占、环评等工作，积极争取棚圈、储草棚、青贮窖及水、电、路配套设施项目，合力推动全旗肉羊产业高质量发展。

（五）明确考核奖惩，确保工作落实。将肉羊产业高质量发展工作纳入苏木乡镇领导班子实绩考核范畴，推动形成加快肉羊产业高质量发展的良好氛围，确保真正将肉羊产业高质量发展工作落地落细落实。

附件：克什克腾旗（2021—2025年）肉羊家庭牧场和
　　　养殖专业户发展目标

克旗人民政府办公室 　　　　　　　　　　2021年8月29日印发

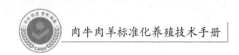

附件3 克什克腾旗农畜产品品牌建设工作推进意见

中共克什克腾旗委员会农村牧区工作领导小组文件

克党农牧组发〔2019〕6号

---★---

中共克旗委农村牧区工作领导小组
关于克什克腾旗农畜产品
品牌建设工作推进意见

一、指导思想

以党的十九大精神和习近平新时代中国特色社会主义思想为指导，落实"绿水青山就是金山银山"新发展理念，以"质量兴农、品牌强农"为抓手，以打造"克什克腾""昭乌达"品牌体系为重点，全面提升我旗农畜产品品牌化建设水平，培育一批具有较强影响力的农畜产品区域公用品牌，不断提高品牌价值。

二、总体架构

立足我旗农牧业自然资源优势和产业发展基础，构建"1+N+M"品牌建设模式。"1"代表旗域公用品牌，"N"代表单产业区域公用品牌，"M"代表企业（产品）商标。

三、主攻方向

政府层面着力建立和完善旗域公用品牌和单产业区域公用品牌的顶层设计、品牌培育、推介宣传、标准制定和产业化生产等，全旗各农牧业企业、专业合作社等着力建设自主品牌。

四、组织推动

（一）**强化品牌培育，突出产业优势。**各苏木乡镇人民政府要加大旗域公用品牌和单产业区域公用品牌的培育力度，在种植业方面，突出做好"三品一标"露地蔬菜的宣传推介和标识的管理与使用，着力建设"克什克腾马铃薯"特色农产品优势区，重点培育"克什克腾香菇""克什克腾山野菜""克什克腾中草药""克什克腾亚麻籽"等品牌；在养殖业方面，突出做好"昭乌达肉羊""达里湖华子鱼鲫鱼"品牌的宣传推介和标识的管理与使用，大力实施"昭乌达肉羊"提质增效工程，重点培育"昭乌达肉牛""戈壁短尾羊"等品牌，加快推进"昭乌达肉牛"育种工作进度。全旗各农牧业企业、专业合作社等要加强自主创新、质量管理、市场营销，打造具有较强竞争力的企业品牌。

（二）**强化标准化生产，突出绿色发展。**各有关部门要组织农牧业技术推广部门、科研院所、产业协会等加快编制修订农牧业生产技术地方标准、制定优质特色初级农畜产品质量标准、加工工艺技术标准等，逐步形成农畜产品生产、加工、储运相衔接的农牧业标准体系。积极推行"旗乡村三级科技人员+涉农企业+家庭农牧场"的"三位一体"科技推广模式，指导农牧民应用标准化技术，将标准规范通过简明操作手册和明白纸落地生根。积极开展符合我旗实际的"三园两场"（标准化果园、菜园、茶园和标准化畜禽养殖场、水产健康养殖场）创建和各种标准化示范区及标准化基地建设，发挥示范引领作用。积极推行控肥、控药、控水、控膜措施，落实化肥、农药零增长制度，不断提高化肥、农药利用率，实施农作物病虫害绿色防控技术，推行畜禽养殖废弃物资源化利用。积极支持农牧业生产企业、专业合作社、家庭农牧场等新型农牧业经营主体自觉进行农牧业绿色发展。

（三）**强化顶层设计，突出旗域特色。**积极引进旗域品牌策划设计团队，深入开展产业调研和文化挖掘。2019年上半年完成旗域公用品牌策划设计团队的引进工作，编制符合全旗自然资源优势、产业发展基础和人文特征的《克什克腾旗农畜产品区域品牌策划设计方案》，提炼设计出旗域品牌符号和品牌形象规范，制定《克什克腾旗农畜产品区域品牌形象手册》，设计品牌包装体系和品牌传播推广形象，制定《克什克腾旗农畜产品区域品牌文化手册》，策划品牌传播策略、主题、要素、方式、步骤等，制定《克什克腾旗农畜产品区域品牌传播手册》。

（四）强化品牌宣传，完善管理机制。 充分利用国家和地方主流媒体和有影响力的自媒体，加大区域品牌宣传力度，讲好"克什克腾"品牌故事，并结合"农民丰收节"等重大节日，集中开展宣传推介，在全社会营造"克什克腾"品牌的良好氛围和舆论氛围。2019年下半年积极参加赤峰市区域公用品牌定位和单产业区域公用品牌新闻发布会，组织开展旗域全方位立体式品牌宣传工作。2020年组织全旗重点企业到部分大中城市开展品牌及产品推介会，并在有条件的地区或城市设立品牌产品直销店，扩大品牌及产品的影响力。同时，完善"克什克腾"品牌授权使用管理机制，实行定期审核与退出管理，构建"克什克腾"品牌保护体系、社会监督体系、危机处理应急机制，配合市政府制定"赤峰"品牌目录制度。

五、保障措施

（一）强化组织领导，明确部门职责。 成立以旗人民政府旗长为组长、分管副旗长为副组长、旗发改、农牧、水利、财政等部门及各地区主要负责人为成员的全旗农畜产品品牌建设工作领导小组，领导小组下设办公室，办公室设在旗农牧局，负责全旗农畜产品品牌建设的日常工作。各有关部门要各负其责、密切配合、通力协作、形成合力，倾力打造克什克腾旗域公用品牌和单产业区域公用品牌。旗农牧局负责推动农畜产品品牌建设的总体规划与实施，全力做好"三品一标"认证登记和申报工作，编制并实施农牧业生产技术操作规程，制定并公布初级农产品质量标准，按照《农产品地理标志使用规范》和《农产品地理标志公共标识设计使用规范手册》管理地理标志产品；旗发改委要将品牌创建工作纳入地区国民经济和社会发展规划，加大政策和项目的支持力度；旗委宣传部要加大对"克什克腾""昭乌达"品牌建设工作的宣传力度，营造良好的社会氛围和舆论氛围，提高"克什克腾""昭乌达"品牌的认知度和知名度；旗财政局要将品牌建设经费列入财政预算，落实好《赤峰市农畜产品"三品一标"认证（登记）奖励办法》；旗市场监督管理局要积极推动农牧业各项标准的制修订，及时出台地方标准。

（二）强化质量安全，突出全程监管。各地区、各部门要以开展国家农畜产品质量安全示范旗创建为抓手，深入推进地方政府属地责任、行业部门监管责任、生产者主体责任三落实；健全和完善旗乡监管、检测、执法体系，强化监管、检测和技术能力支撑。全面落实《基层农畜产品质量安全监管站建设管理规范》，加强苏木乡镇基层农畜产品质量安全监管站建设，有效解决基层力量薄弱问题。全面落实网格化监管措施，压实监管及生产者主体责任。健全动态监管名录，确保监管工作横向到边、纵向到底，监管无盲区，着力夯实产品的质量基础，使品牌之路走实走远。优先推动优势产业产地准出和质量追溯管理，将授权使用区域公用品牌的企业全部纳入追溯管理信息平台，实现农牧业生产、加工、流通、消费等环节追溯系统的有效衔接和产品全程可追溯。

（三）**加大政策支持，确保取得实效**。旗财政局要加大财政支持力度，鼓励支持农牧业企业、专业合作社等在农畜产品营销中将"1+N"区域公用品牌与自主品牌共同标注使用，用区域公用品牌提升企业品牌，用企业品牌铸牢区域公用品牌。通过品牌建设，带动全旗农畜产品提档升级，引领农牧业高质量发展，促进农牧业增效和农牧民增收。

附件：克什克腾旗农畜产品品牌建设工作领导小组成员名单

克什克腾旗委农村牧区

工作领导小组

2019 年 3 月 23 日